Wissenschaftliche Reihe
Fahrzeugtechnik Universität Stuttgart

Reihe herausgegeben von
M. Bargende, Stuttgart, Deutschland
H.-C. Reuss, Stuttgart, Deutschland
J. Wiedemann, Stuttgart, Deutschland

Das Institut für Verbrennungsmotoren und Kraftfahrwesen (IVK) an der Universität Stuttgart erforscht, entwickelt, appliziert und erprobt, in enger Zusammenarbeit mit der Industrie, Elemente bzw. Technologien aus dem Bereich moderner Fahrzeugkonzepte. Das Institut gliedert sich in die drei Bereiche Kraftfahrwesen, Fahrzeugantriebe und Kraftfahrzeug-Mechatronik. Aufgabe dieser Bereiche ist die Ausarbeitung des Themengebietes im Prüfstandsbetrieb, in Theorie und Simulation.

Schwerpunkte des Kraftfahrwesens sind hierbei die Aerodynamik, Akustik (NVH), Fahrdynamik und Fahrermodellierung, Leichtbau, Sicherheit, Kraftübertragung sowie Energie und Thermomanagement – auch in Verbindung mit hybriden und batterieelektrischen Fahrzeugkonzepten.

Der Bereich Fahrzeugantriebe widmet sich den Themen Brennverfahrensentwicklung einschließlich Regelungs- und Steuerungskonzeptionen bei zugleich minimierten Emissionen, komplexe Abgasnachbehandlung, Aufladesysteme und -strategien, Hybridsysteme und Betriebsstrategien sowie mechanisch-akustischen Fragestellungen.

Themen der Kraftfahrzeug-Mechatronik sind die Antriebsstrangregelung/Hybride, Elektromobilität, Bordnetz und Energiemanagement, Funktions- und Softwareentwicklung sowie Test und Diagnose.

Die Erfüllung dieser Aufgaben wird prüfstandsseitig neben vielem anderen unterstützt durch 19 Motorenprüfstände, zwei Rollenprüfstände, einen 1:1-Fahrsimulator, einen Antriebsstrangprüfstand, einen Thermowindkanal sowie einen 1:1-Aeroakustikwindkanal.

Die wissenschaftliche Reihe „Fahrzeugtechnik Universität Stuttgart" präsentiert über die am Institut entstandenen Promotionen die hervorragenden Arbeitsergebnisse der Forschungstätigkeiten am IVK.

Weitere Bände in der Reihe http://www.springer.com/series/13535

Jens Neubeck

Thermisches Nutzfahrzeugreifenmodell zur Prädiktion realer Rollwiderstände

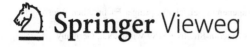

Jens Neubeck
Stuttgart, Deutschland

Zugl.: Dissertation Universität Stuttgart, 2017

D93

Wissenschaftliche Reihe Fahrzeugtechnik Universität Stuttgart
ISBN 978-3-658-21540-8   ISBN 978-3-658-21541-5   (eBook)
https://doi.org/10.1007/978-3-658-21541-5

Die Deutsche Nationalbibliothek verzeichnet diese Publikation in der Deutschen National-
bibliografie; detaillierte bibliografische Daten sind im Internet über http://dnb.d-nb.de abrufbar.

Springer Vieweg
© Springer Fachmedien Wiesbaden GmbH, ein Teil von Springer Nature 2018

Gedruckt auf säurefreiem und chlorfrei gebleichtem Papier

Springer Vieweg ist ein Imprint der eingetragenen Gesellschaft Springer Fachmedien Wiesbaden
GmbH und ist ein Teil von Springer Nature
Die Anschrift der Gesellschaft ist: Abraham-Lincoln-Str. 46, 65189 Wiesbaden, Germany

Vorwort und Danksagung

Die vorliegende Arbeit entstand im Rahmen des Forschungsprojektes „Ganzheitliche Betrachtung des Rollwiderstands von Nutzfahrzeugen zur Steigerung der Wettbewerbsfähigkeit des deutschen Güterfernverkehrsgewerbes", beauftragt von der Forschungsvereinigung Automobiltechnik FAT und finanziert im Rahmen der Förderung der Industriellen Gemeinschaftsforschung der AiF mit Mitteln des Bundesministerium für Wirtschaft und Energie.

Die formulierten Ziele und die erarbeiteten Ergebnisse der vorliegenden Arbeit stehen im direkten Zusammenhang mit den Zielen und Ergebnissen des Forschungsprojektes, [73]. In der vorliegenden wissenschaftlichen Ausarbeitung werden im Zuge der Fokussierung auf die Modellierung des thermischen Reifenverhaltens zur Prädiktion realer Rollwiderstände die inhaltlichen Schwerpunkte teilweise anders gesetzt.

Den Mitgliedern des projektbegleitenden Ausschusses danke ich sehr. Durch ihre Fachkompetenz, ihr hohes Engagement und die bereitwillige Beistellung teils erheblicher Eigenleistungen haben sie zum Gelingen des Projektes und zu den Ergebnissen dieser Arbeit beigetragen.

Mein besonderer Dank gilt meinem Doktorvater, Herrn Prof. Dr.-Ing. Jochen Wiedemann, für die Möglichkeit und Ermutigung zur Bearbeitung des interessanten Themas sowie für die wissenschaftliche Betreuung und Durchsicht der Arbeit. Für die mir gewährten Freiheiten bei der Priorisierung von Aufgaben sowie das professionelle wissenschaftliche Arbeitsumfeld danke ich ihm sehr. Herrn Prof. Dr.-Ing. Stefan Böttinger danke ich für die freundliche Übernahme des Mitberichts.

Meinen Kolleginnen und Kollegen am IVK und FKFS danke ich für die tolle Zusammenarbeit und die fruchtbaren Diskussionen. Herrn Dipl.-Ing. Konstantin Minch danke ich für seinen unermüdlichen Einsatz bei der Vorbereitung und Begleitung der Messkampagne. Ganz herzlich danke ich Herrn Dr.-Ing. Werner Krantz für seine vielfältige Unterstützung, seine wertvollen inhaltlichen Inspirationen und sein konstruktives Feedback zur Ausarbeitung. Ihre Vorarbeiten haben diese Arbeit möglich gemacht und maßgeblich zum Gelingen beigetragen.

Ein ganz lieber Dank gilt meinen Eltern und meiner Familie für die große Unterstützung und den liebevollen Rückhalt. Diese Arbeit ist Mark und Timo gewidmet.

Jens Neubeck

Vorwort und Danksagung

Die vorliegende Arbeit entstand im Rahmen des Forschungsprojektes „Ganzheitliche Betrachtung des Rollwiderstands von Nutzfahrzeugen zur Steigerung der Wettbewerbsfähigkeit des deutschen Güterfernverkehrsgewerbes", beauftragt von der Forschungsvereinigung Automobiltechnik FAT und finanziert im Rahmen der Förderung der Industriellen Gemeinschaftsforschung der AiF mit Mitteln des Bundesministerium für Wirtschaft und Energie.

Die formulierten Ziele und die erarbeiteten Ergebnisse der vorliegenden Arbeit stehen im direkten Zusammenhang mit den Zielen und Ergebnissen des Forschungsprojektes, [73]. In der vorliegenden wissenschaftlichen Ausarbeitung werden im Zuge der Fokussierung auf die Modellierung des thermischen Reifenverhaltens zur Prädiktion realer Rollwiderstände die inhaltlichen Schwerpunkte teilweise anders gesetzt.

Den Mitgliedern des projektbegleitenden Ausschusses danke ich sehr. Durch ihre Fachkompetenz, ihr hohes Engagement und die bereitwillige Beistellung teils erheblicher Eigenleistungen haben sie zum Gelingen des Projektes und zu den Ergebnissen dieser Arbeit beigetragen.

Mein besonderer Dank gilt meinem Doktorvater, Herrn Prof. Dr.-Ing. Jochen Wiedemann, für die Möglichkeit und Ermutigung zur Bearbeitung des interessanten Themas sowie für die wissenschaftliche Betreuung und Durchsicht der Arbeit. Für die mir gewährten Freiheiten bei der Priorisierung von Aufgaben sowie das professionelle wissenschaftliche Arbeitsumfeld danke ich ihm sehr. Herrn Prof. Dr.-Ing. Stefan Böttinger danke ich für die freundliche Übernahme des Mitberichts.

Meinen Kolleginnen und Kollegen am IVK und FKFS danke ich für die tolle Zusammenarbeit und die fruchtbaren Diskussionen. Herrn Dipl.-Ing. Konstantin Minch danke ich für seinen unermüdlichen Einsatz bei der Vorbereitung und Begleitung der Messkampagne. Ganz herzlich danke ich Herrn Dr.-Ing. Werner Krantz für seine vielfältige Unterstützung, seine wertvollen inhaltlichen Inspirationen und sein konstruktives Feedback zur Ausarbeitung. Ihre Vorarbeiten haben diese Arbeit möglich gemacht und maßgeblich zum Gelingen beigetragen.

Ein ganz lieber Dank gilt meinen Eltern und meiner Familie für die große Unterstützung und den liebevollen Rückhalt. Diese Arbeit ist Mark und Timo gewidmet.

Jens Neubeck

Inhaltsverzeichnis

Abbildungsverzeichnis

Tabellenverzeichnis

Tabellenverzeichnis

Abkürzungs- und Formelverzeichnis

Abkürzungsverzeichnis

AiF	Arbeitsgemeinschaft industrieller Forschungsvereinigungen "Otto von Guericke" e.V.
CAN	Controller Area Network (Bussystem)
CFD	Computational Fluid Dynamics (Strömungsberechnng)
CMA-ES	Covariance Matrix Adaptation Evolution Strategy (Optimierungsverfahren)
CO_2	Kohlenstoffdioxid
CPC	Conti Pressure Check^{TM} (Reifendruckkontrollsystem)
D1	(erste) Antriebsachse / driving axle
EU	Europäische Union
FAT	Forschungsvereinigung Automobiltechnik
FKFS	Forschungsinstitut für Kraftfahrwesen und Fahrzeugmotoren Stuttgart
GPS	Global Positioning System
ISO	International Organization for Standardization
IVK	Institut für Verbrennungsmotoren und Kraftfahrwesen
LI	Load Index / Last Index, Reifentragfähigkeitsindex
MPD	Mean Profile Depth, mittlere Profiltiefe (Texturmaß)
Nfz	Nutzfahrzeug
Pkw	Personenkraftwagen
SD	Secure Digital (Speicherkartenformat)
S1	(erste) Lenkachse / steering axle
SI	Système international d'unités (Internationales Einheitensystem)
T1, T2, T3	erste / zweite / dritte Trailerachse / trailer axle
TRM	Thermisches Reifenmodell
VDA	Verband der Automobilindustrie e.V.

Formelverzeichnis

$\propto$	[rad]	Schräglaufwinkel
α_p	[-]	Exponent für Druckabhängigkeit
β_{FN}	[-]	Exponent für Radlastabhängigkeit
Δ		Differenz
ε	[-]	Emissionsgrad einer Oberfläche
λ	[-]	Längsschlupf
λ	[W/(m·K)]	Wärmeleitfähigkeit
σ	[W/(m²·K⁴)]	Stefan-Boltzmann-Konstante
ω	[-]	Gewichtungsfaktor
a	[-]	Koeffizienten der Ansatzfunktionen
A	[m²]	Querschnittsfläche
A_{i_j}	[m²]	Fläche zur Wärmeübertragung zwischen zwei Wärmekapazitäten
$Ausg_{TRM}$		Ausgänge des thermischen Reifenmodells
B_S, BS	[L/100 km]	Streckenverbrauch
c	[J/(kg·K)]	spezifische Wärmekapazität
C	[J/K]	Wärmekapazität
C_i	[J/K]	Wärmekapazitäten, „thermische Massen"
C_{Gas}	[J/K]	Wärmekapazität des Gases
$C_{Gürtel}$	[J/K]	Wärmekapazität des Gürtels
$C_{Lauffläche}$	[J/K]	Wärmekapazität der Lauffläche
$C_{Schulter}$	[J/K]	Wärmekapazität der Schulter
d	[m]	Materialstärke
e_R	[m]	Hebelarm der rollenden Reibung
$Eing_{TRM}$		Eingänge des thermischen Reifenmodells
f		Index für Messfahrten
f_R	[-]	Rollwiderstandskoeffizient
$f_{R_{28580}}$	[-]	Rollwiderstandskoeffizient nach ISO 28580
F	[-]	Sichtfaktor
F_a	[N]	Beschleunigungswiderstand
F_{LW}	[N]	Luftwiderstand
F_N	[N]	Normalkraft
$F_{N_{28580}}$	[N]	Normalkraft nach ISO 28580
F_R	[N]	Rollwiderstand
$F_{R_{28580}}$	[N]	Rollwiderstand nach ISO 28580
F_S	[N]	Seitenkraft

F_{St}	[N]	Steigungswiderstand
F_W	[N]	Fahrwiderstand
F_{WR}	[N]	Radwiderstand
F_{WRF}	[N]	Federungswiderstand
F_{WRK}	[N]	Kurvenwiderstand
F_{WRL}	[N]	Lagerwiderstand
F_{WRS}	[N]	Schwallwiderstand
F_{WRV}	[N]	Vorpurspurwiderstand
F_Z	[N]	Zugkraft
h	[W/(m²·K)]	Wärmeübergangskoeffizient
h_{i_j}	[W/(m²·K)]	Wärmeübergangskoeffizient zwischen zwei Wärmekapazitäten
L	[m]	charakteristische Länge
m	[kg]	Masse
m		Index für Messwerte
M_y	[N·m]	Brems- oder Antriebsmoment
M_R	[N·m]	Rückstellmoment
Nu	[-]	Nußelt-Zahl
p	[Pa]	Reifenfülldruck
p_{28580}	[Pa]	Reifenfülldruck nach ISO 28580
P_a	[W]	Beschleunigungsverlustleistung
P_e	[W]	effektive Motorleistung
P_{LW}	[W]	Luftwiderstandsverlustleistung
P_R	[W]	Rollwiderstandsleistung, Rollwiderstands-verlustleistung
P_S	[W]	Schlupfleistung, Schlupfverlustleistung
$P_{S_{längs}}$	[W]	Längsschlupfleistung
$P_{S_{quer}}$	[W]	Querschlupfleistung
P_{St}	[W]	Steigungsverlustleistung
P_{VT}	[W]	Triebstrangverlustleistung
Q	[J]	Wärme, Energie in Form von Wärme
$\dot{Q}$	[W]	Wärmestrom
$\dot{Q}_{Fb}$	[W]	Wärmestrom von/zur Fahrbahn
$\dot{Q}_{i\_j}$	[W]	Wärmestrom zwischen zwei Wärmekapazitäten
$\dot{Q}_R$	[W]	Wärmestrom aus Rollwiderstand
$\dot{Q}_{S_{längs}}$	[W]	Wärmestrom aus Längsschlupf
$\dot{Q}_{S_{quer}}$	[W]	Wärmestrom aus Querschlupf
$\dot{Q}_{Umg}$	[W]	Wärmestrom von/zur Umgebung

res		Residuum
r'_{dyn}	[m]	dynamischer Radhalbmesser, Abstand zwischen Radmitte und Fahrbahn beim rollenden Rad
t_m	[s]	Messzeit
T	[K]	Temperatur
T_{Fb}	[K]	Fahrbahntemperatur
T_{Gas}	[K]	Gastemperatur
$T_{Gürtel}$	[K]	Gürteltemperatur
T_i	[K]	(thermische) Reifenzustände, Reifentemperaturen
$T_{i_{Feldversuch}}$	[K]	Reifentemperaturen gemessen im Feldversuch
$T_{i_{Rowi\_Messung}}$	[K]	Reifentemperaturen gemessen im Zuge der Rollwiderstandsmessungen
$T_{Lauffläche}$	[K]	Laufflächentemperatur
$T_{Schulter}$	[K]	Schultertemperatur
T_{Umg}	[K]	Umgebungstemperatur
T_W	[K]	Wand-/Oberflächentemperatur
v_F	[m/s]	Fahrgeschwindigkeit
v_{th}	[m/s]	theoretische Geschwindigkeit
v_x	[m/s]	Geschwindigkeitskomponente in Längsrichtung
v_y	[m/s]	Geschwindigkeitskomponente in Querrichtung

Physikalische Größen werden im Internationen Einheitensystem SI eingeführt. Zum besseren Textverständnis werden teilweise auch die im jeweiligen Kontext gebräuchlichen Einheiten benutzt, z. B. bar, t oder °C.

Zusammenfassung

Im Zuge der allgegenwärtigen Diskussionen um Verbrauchs- und Emissions-reduzierungen im Verkehrssektor gerät auch der Rollwiderstand von Nutz-fahrzeugreifen zunehmend in den Fokus. Der Rollwiderstand ist auch und insbesondere beim Nutzfahrzeug der in vielen Fahrsituationen dominierende Fahrwiderstand. Er verursacht einen maßgeblichen Anteil am Gesamtver-brauch und den entsprechenden Emissionen. Dennoch wird er in vielen energetischen Betrachtungen bisher nur stark vereinfacht als eine von der Radlast und einer konstanten Reifenmaterialeigenschaft abhängige Größe be-rücksichtigt. Tatsächlich ist der Rollwiderstand aber vom komplexen visko-elastischen Materialverhalten des Reifens geprägt und ist damit insbesondere auch eine vom thermischen Betriebszustand des Reifens abhängige Größe. Er ändert sich im Betrieb fortwährend in Anhängigkeit der momentanen Be-triebs- und Umgebungsbedingungen.

Die vorliegende Arbeit stellt ein thermisches Nutzfahrzeugreifenmodell zur Prognose realer transienter Rollwiderstandsverläufe vor. Auf Basis realer Fahrzeugversuche und Rollwiderstandsmessungen auf der Straße wurde ein teilempirischer Modellansatz entwickelt, der eine realistische Prognose des thermischen Reifenzustandes ermöglicht. In einen großangelegten Feldver-such im realen Güterfernverkehr wurde eine repräsentative Datenbasis der auftretenden Betriebs- und Umgebungsbedingungen und der daraus resultie-renden Reifentemperaturverläufe geschaffen und ausgewertet. Parallel dazu wurden mit einem Spezialmessfahrzeug Rollwiderstandsmessungen auf realen Fahrbahnen durchgeführt. Es wurde das transiente Rollwiderstands-verhalten und das transiente Temperaturverhalten des Reifen in Abhängigkeit exemplarischer Betriebs- und Umgebungsbedingungen erfasst.

In Analogie zu der zweigeteilten Messkampagne besteht auch das Rollwider-standsmodell aus zwei Modulen, einem thermischen Reifenmodell und ei-nem Temperatur-Rollwiderstandsmodell. Das thermische Reifenmodell be-rechnet transiente Reifentemperaturen. Diese Reifentemperaturen sind dyna-mische Zustandsgrößen, die das thermische Reifenverhalten in Abhängigkeit der Betriebs- und Umgebungsbedingungen beschreiben. Das Temperatur-Rollwiderstandsmodell berechnet dann den Rollwiderstand, der mit dem thermischen Reifenzustand korreliert. Beide Module interagieren miteinander. Das transiente thermische Rollwiderstandsmodell wurde in ein Nutzfahrzeugreifenmodell eingebunden und in eine vorhandene Gesamtfahrzeugentwicklungsumgebung integriert. Damit steht ein mächtiges Entwicklungswerkzeug für die Identifikation und Quantifizierung von rollwiderstandsrelevanten Einflussgrößen zur Verfügung.

Auf Basis der im Feldversuch ermittelten Fahr- und Beladungsprofile wurden verschiedene Analysen zum Gesamtfahrzeug-Rollwiderstand durchgeführt. In Abhängigkeit der Betriebs- und Umgebungsbedingungen wurden in der Gesamtfahrzeugsimulationsumgebung über das thermische Rollwiderstandsmodell transiente Rollwiderstandsverläufe prognostiziert und einer detaillierten energetischen Bewertung zugeführt.

Neben der ausführlichen energetischen Auswertung einer exemplarischen Fahrt aus dem Feldversuch mit den Speditionen wurden u. a. auch repräsentative speditionsspezifische Beladungs- und Fahrprofilkollektive bei unterschiedlichen Umgebungstemperaturen verglichen. Dabei wurde insbesondere auch der Einfluss auf den realen Streckenverbrauch diskutiert. Weiterhin wurde der Einfluss unterschiedlicher Bereifungsvarianten auf die realen Streckenverbräuche für konkrete speditionsspezifische Nutzungskollektive aufgezeigt.

Die entsprechenden Ergebnisse zeigen, dass die Potenziale zur Verminderung des Gesamtfahrzeug-Rollwiderstands und damit zur Kraftstoffeinsparung in erheblichem Maße von den Fahr-, Strecken- und Beladungsprofilen abhängen. Insbesondere zeigen die Ergebnisse die große Abhängigkeit des Rollwiderstands von der Umgebungstemperatur. Somit sind Prognosen, die sich zur Rollwiderstandsberechnung auf einen – gemäß ISO 28580 – singulären Betriebspunkt im thermischen Gleichgewichtszustand des Reifens bei einer konstanten Prüftemperatur von 25 °C stützen, zur Ableitung realistischer Streckenverbräuche ungeeignet.

Die Berücksichtigung realer Betriebs- und Umgebungsbedingungen auf den thermischen Reifenzustandes und die transienten Rollwiderstandsverläufe erhöht die Prognosequalität energetischer Bewertungen beträchtlich und erklärt untersuchungsspezifische Mehrverbräuche von 20% und mehr gegenüber den gewählten Referenzszenarien.

Abstract

The rolling resistance of truck tires is more and more in the focus in the omnipresent discussions about fuel consumption and emission reductions in the transport sector. In particular for commercial vehicles the rolling resistance is the dominant driving resistance in many driving situations. Rolling resistance causes a major share in the total fuel consumption and the corresponding emissions. However, the rolling resistance is still simplified in many energetic considerations. Rolling resistance is often considered just depending on wheel load and on a constant rubber material property. Indeed, the rolling resistance is dominated by the complex viscoelastic tire material behavior and thus also depending on the thermal operating conditions of the tire. During operation the rolling resistance changes continuously depending on the current operating and environmental conditions.

The present work provides a thermal commercial vehicle tire model to predict real transient rolling resistance behavior. Based on real-world comercial vehicle tests and rolling resistance measurements on the road, an empirical model approach was developed, which allows a realistic prediction of the thermal condition of tires. In a large-scale field test in long-haul carriage, a representative data base of real-life operating and ambient conditions as well as the resulting tire temperature was gathered and evaluated. In parallel, rolling resistance measurements on real roadways were performed with a special tire-measurement-truck. It captured the transient tire rolling resistance and the transient tire temperatures for exemplary operating and ambient conditions.

The rolling resistance model consists of two modules, a thermal tire model and a tire temperature to rolling resistance correlation model. The thermal tire model calculates transient tire temperatures. These tire temperatures are dynamic state variables that describe the thermal behavior of the tire according to the operating and ambient conditions. The tire temperature to rolling resistance correlation model calculates the tire rolling resistance, which correlated with the current thermal condition of the tire. Both modules interact with each other. The transient thermal rolling resistance model is embedded into a holistic truck tire model and integrated into an existing dynamic multi-body vehicle development environment. Now, a powerful development tool for the identification and quantification of rolling resistance relevant influences is available.

Based on the driving conditions and load profiles from the field test in long-distance goods traffic several investigations concerning the vehicle rolling resistance were carried out. In the dynamic multi-body vehicle development environment transient tire rolling resistances were predicted for all tires, which correspond to realistic operating and ambient conditions. The results are summarized in a detailed energy and fuel consumption evaluation.

A detailed energy and fuel consumption evaluation based on an exemplary trip from the long-distance goods traffic field test was conducted. For different truckage companies representative loading and driving profile collectives were generate. The corresponding realistic transient rolling resistance related fuel consumption shares as well as the overall fuel consumptions are compared with each other for different ambient temperatures. The influence of different tires on the real fuel consumption for different concrete transport-specific driving profile collectives was analysed.

The results show that the potential to reduce overall vehicle rolling resistance and fuel economy significantly depend on the driving, route and loading profiles. In particular, the results show the large dependence of the rolling resistance on the ambient temperature. Thus, forecasts that are based on calculating the rolling resistance for one singular operating point - in accordance with ISO 28580 - in the thermal equilibrium of the tire for a constant ambient temperature of 25 °C are unsuitable for deriving realistic fuel consumption.

Taking into account the real operating and environmental conditions on the thermal condition of tires and on the transient rolling resistance behavior considerably increases the forecast quality of energy and fuel consumption reviews. The consideration of realistic transient thermal dependent rolling resistance explains for the exemplary scenarios an additional consumption of 20 % or more compared to the chosen reference.

1 Einleitung

1.1 Motivation

Die Reduzierung der klimaschädlichen Treibhausgasemissionen stellt in der heutigen Welt eine der großen Herausforderungen dar, [93]. Mit der als Kyoto-Protokoll bekannten Vereinbarung haben die Vereinten Nationen erstmals völkerrechtlich verbindliche Zielwerte für die Reduzierung von Treibhausgas festgelegt, [97]. Diese Klimaschutzziele wurden in der Europäischen Union und in über 190 weiteren Staaten ratifiziert. Auch wenn sich eine von der gesamten Völkergemeinschaft getragene Fest- und Fortschreibung dieser Ziele mitunter als schwierig erweist, definiert die Politik teils ambitionierte Ziele zur Reduzierung der Treibhausgasemissionen. So hat die Europäische Energie- und Klimapolitik als Ziel für das Jahr 2030 eine Reduktion von Treibhausgasemissionen um 40 % gegenüber 1990 vorgegeben, [29].

Ein Treibhausgas ist Kohlendioxid (CO_2), das u. a. bei der Verbrennung fossiler Brennstoffe entsteht. Die globalen anthropogenen CO_2-Emissionen werden auf 30 Milliarden Tonnen pro Jahr geschätzt. Der Anteil, der durch den Verkehr erzeugt wird, beträgt dabei rund 18 %. Hiervon tragen Nutzfahrzeuge mit 6 % und Personenkraftwagen mit 5 % in Summe den größten Anteil bei, [99]. Andere Quellen gehen von einem Anteil von 18 % allein für die von Straßenverkehr verursachte CO_2-Emission aus. Danach würden 4 % der globalen anthropogenen CO_2-Emissionen auf den Reifenrollwiderstand entfallen, [64].

Nachdem in den vergangenen Jahren in allen wesentlichen Weltwirtschaftsräumen langfristige CO_2-Einsparziele für Pkw – meistens in Form von Flottengrenzwerten – gesetzlich festgelegt wurden, führen die Gesetzgeber nun diese Diskussionen auch bei Nutzfahrzeugen, [102]. Beim Pkw und beim leichten Nutzfahrzeug sind die Emissionsgrenzen am Gesamtfahrzeug fahrstreckenbezogen auf Rollenprüfständen nachzuweisen. Beim schweren Nutzfahrzeug erfolgt bisher nur eine Emissionsprüfung des verbauten Motors anhand einer Motorprüfstandsmessung und bezogen auf die abgegebene Arbeit, [22, 26].

© Springer Fachmedien Wiesbaden GmbH, ein Teil von Springer Nature 2018
J. Neubeck, *Thermisches Nutzfahrzeugreifenmodell zur Prädiktion realer Rollwiderstände*, Wissenschaftliche Reihe Fahrzeugtechnik Universität Stuttgart, https://doi.org/10.1007/978-3-658-21541-5_1

In 2014 hat die Europäische Kommission ein Strategiepapier zur Minderung der CO_2-Emissionen von schweren Nutzfahrzeugen vorgestellt. Im Mittelpunkt stehen Maßnahmen zur Zertifizierung und Überwachung von CO_2-Emissionen, [27, 28]. Zur Erhöhung der Transparenz über den Kraftstoffverbrauch wird eine Simulationsumgebung VECTO (Vehicle Energy Consumption Calculation Tool) entwickelt, mit der realitätsnah und zertifizierungsfähig die CO_2-Emissionen von schweren Nutzfahrzeugen bestimmt werden sollen, [63, 102].

Ohne Zweifel war insbesondere die deutsche Nutzfahrzeugindustrie im Hinblick auf die Reduzierung der Abgasemissionen und im Hinblick auf die Verbesserung der Transporteffizienz in den letzten Jahrzehnten sehr erfolgreich. Allein im Zeitraum 1995 bis 2010 hat sich in Deutschland die Höhe des CO_2-Ausstoßes bezogen auf das Transportvolumen auf der Straße um rund 30 % verringert, [96]. Dennoch besteht weiterhin die Notwendigkeit für Verbesserungen der Energieeffizienz von Nutzfahrzeugen, insbesondere vor dem Hintergrund eines stetig zunehmenden Frachtaufkommens.

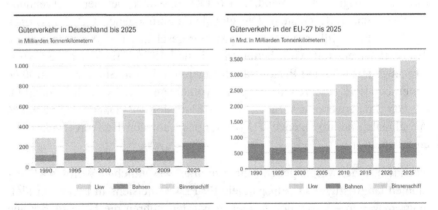

Abbildung 1.1:   Aktueller Trend sowie prognostizierte Entwicklung des Güterverkehrs in Deutschland und in der EU, [100]

Abbildung 1.1 zeigt den aktuellen Trend sowie die prognostizierte Entwicklung des Güterverkehrs in Deutschland und in der Europäischen Union, [100]. Gegenwärtig beträgt der Marktanteil des gewerblichen Güterkraftverkehrs am gesamten Güterverkehr sowohl in Deutschland als auch in der

Europäischen Union über 70 %. Prognostiziert wird eine weitere Zunahme des Güterverkehrs auf der Straße, sowohl hinsichtlich des Transportvolumens als auch des Anteils am gesamten Frachtaufkommen. Es wird erwartet, dass der transportbezogene globale Energiebedarf bis zum Jahr 2030 um 20 % zunehmen wird (bezogen auf das Jahr 2004), [74].

Schwere Nutzfahrzeuge der aktuellen Generation verbrauchen im europäischen Fernverkehr etwa 32 L Dieselkraftstoff pro 100 km, [101]. Dies hängt in erheblichem Maße von der Nutzlast, der Fahrzeugkonfiguration, der Motorisierung und den Betriebsbedingungen ab. Generell gesprochen, hängen der Kraftstoffbedarf und damit die CO_2-Emissionen vom spezifischen Kraftstoffverbrauch des Motors, internen Verlusten, etwa in der Kraftübertragung oder durch Nebenaggregate, sowie von den Fahrwiderständen ab.

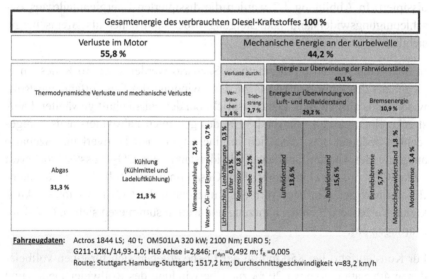

Fahrzeugdaten: Actros 1844 LS; 40 t; OM501LA 320 kW; 2100 Nm; EURO 5; G211-12KL/14,93-1,0; HL6 Achse i=2,846; r'_{dyn}=0,492 m; f_R =0,005 Route: Stuttgart-Hamburg-Stuttgart; 1517,2 km; Durchschnittsgeschwindigkeit v=83,2 km/h

Abbildung 1.2: Aufschlüsselung der Energie- und Verlustanteile für ein typisches Fernverkehrsszenario, nach [42, 69]

Abbildung 1.2 zeigt für ein repräsentatives Fernverkehrs-Szenario eine detaillierte Aufschlüsselung der einzelnen Verlustanteile, ausgehend vom Energiegehalt des eingesetzten Dieselkraftstoffs, [42, 69]. In diesem exemplarischen Fall beträgt der Wirkungsgrad des Dieselmotors rund 44 %, was bedeutet, dass 44 % der durch den Kraftstoff zur Verfügung gestellten Energie in mechanische Energie an der Kurbelwelle umgewandelt werden. Der Rest geht durch innermotorische Verluste verloren, zum größten Teil in Form von Wärme.

An den angetriebenen Achsen stehen aufgrund von Verlusten im Motor, in Nebenaggregaten und in der Kraftübertragung nur etwa 40 % des Energiegehalts des Dieselkraftstoffs zur Überwindung der Fahrwiderstände zur Verfügung. Dies sind in erster Linie der Rollwiderstand sowie der Luftwiderstand des Fahrzeugs. Weitere Energieanteile sind zum Beschleunigen sowie zum Befahren von Steigungen erforderlich. Dabei wird der kinetische bzw. potentielle Energiegehalt des Fahrzeugs erhöht. Die entsprechenden Energieanteile können beim Verzögern oder bei Bergabfahrt zum Teil wieder für den Vortrieb genutzt werden, zum Teil werden sie in Motor- und Betriebsbremse dissipiert. In Abbildung 1.2 werden die dissipierten Energieanteile aus Beschleunigungswiderstand und Steigungswiderstand daher als Bremsenergie sichtbar.

In dem dargestellten repräsentativen Szenario werden etwa 16 % des Energiegehalts des Dieselkraftstoffs zur Überwindung des Gesamtfahrzeug-Rollwiderstands aufgewandt. Dies entspricht bei der beispielhaft gewählten Fahrstrecke einem Anteil von rund 39 % des gesamten Fahrwiderstands. Umgerechnet bedeutet dies, dass sich in einem typischen Fernverkehrs-Szenario aufgrund des Gesamtfahrzeug-Rollwiderstands ein CO_2-Ausstoß von etwa 12 kg CO_2 pro 100 km ergibt. Der Gesamtfahrzeug-Rollwiderstand beeinflusst direkt den Kraftstoffverbrauch und damit die CO_2-Emissionen. Auch kleine Verbesserungen bei Fahrzeug und Reifen summieren sich zu CO_2-Einsparungen auf.

Für Konstantfahrt bei 85 km/h in der Ebene ergeben sich für einen vollbeladenen 40t-Sattelzug etwa 20 % zur Überwindung des Rollwiderstandes und etwa 18 % zur Überwindung des Luftwiderstandes, jeweils bezogen auf den Energiegehalt im Kraftstoff, [10, 50].

Heutige rollwiderstandsoptimierte Reifen weisen zum Vorgängermodell oder Benchmark einen um ca. 10 % verringerten Rollwiderstand auf. Bezogen auf das realistische Szenario aus Abbildung 1.2 ergibt sich eine direkte CO_2-Einsparung von ca. 1,6 % durch den verbesserten Rollwiderstand zzgl. einer ähnlichen Größenordnung, die zusätzlich innermotorisch eingespart werden kann, wenn entsprechend weniger Fahrwiderstand zu überwinden ist.

1.2 Zielsetzung

Energetische Berechnungen, wie sie z. B. Abbildung 1.2 und ähnlichen Ansätzen zugrunde liegen, berücksichtigen oft bereits die realen oder realistischen Strecken-, Geschwindigkeits- und Höhenprofile der exemplarischen oder repräsentativen Routen und berücksichtigen teilweise neben den äußeren Fahrwiderständen auch alle wesentlichen internen Verlustleistungen durch Antriebsstrang, Nebenverbraucher etc. Auf der anderen Seite werden aber hinsichtlich der äußeren Fahrwiderstände vereinfachende Annahmen getroffen, die einen teils erheblichen Einfluss auf die Aussagequalität haben können. Hier sind insbesondere der aerodynamische Einfluss bei Schräganströmung, sämtliche instationären aerodynamischen Effekte sowie die Abhängigkeiten des Rollwiderstands von den Betriebs- und Umgebungsbedingungen zu nennen. Letzteres soll in der vorliegenden wissenschaftlichen Arbeit adressiert werden.

Bisher werden für energetische Betrachtungen – mangels verlässlicher Daten – konstante Rollwiderstandsbeiwerte aus Prüfstandsversuchen herangezogen. Es ist prinzipiell bekannt, dass der Rollwiderstand abhängig von den Betriebs- und Umgebungsbedingungen teilweise stark beeinflusst wird und unter realen Bedingungen deutlich höhere Rollwiderstandskräfte auftreten können als unter Prüfstandsbedingungen.

Abbildung 1.3 zeigt exemplarisch die Rollwiderstandsabnahme, die mit der Erwärmung eines Nutzfahrzeugreifens einhergeht, gemessen mit einem speziellen – am FKFS entwickelten und gebauten – Nutzfahrzeugreifen-Messfahrzeug unter konstanten Betriebspunkten bei einer Fahrgeschwindigkeit von 80 km/h und unter weitgehend konstanten äußeren Bedingungen. Die Zeitachse repräsentiert einen Zeitraum von insgesamt etwa zwei Stunden, in dem neun aufeinanderfolgende Messungen durchgeführt wurden.

Der Rollwiderstand hängt eng mit dem viskoelastischen Verhalten des Reifengummis zusammen. Die Verformung des Reifens beim Abrollen (Walken) sorgt für einen Wärmeeintrag in den Reifen. Der Reifen ist ein komplexes thermisches System, bei dem das Aufwärm- und Abkühlverhalten und auch der thermische Gleichgewichtszustand von vielen Faktoren beeinflusst werden. Da sich mit den Temperaturen aber auch die viskoelastischen Eigenschaften des Reifens ändern, ändert sich auch der Rollwiderstand abhängig von den Temperaturen.

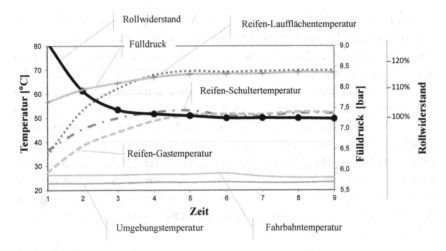

Abbildung 1.3:   Aufwärmverhalten eines Nutzfahrzeugreifens, [70]

Selbst im Fernverkehr sind heute verkehrsbedingt längere konstante Geschwindigkeitsanteile selten. Berücksichtigt man noch die vorgeschriebenen regelmäßigen Pausen der Fahrer, wird schnell deutlich, dass sich der im Realbetrieb wirksame Rollwiderstand im Mittel vermutlich deutlich oberhalb eines zum thermischen Gleichgewicht gehörenden Idealzustands befindet. Im Realbetrieb ändert sich der Fahrzustand (u. a. Fahrgeschwindigkeit, Antriebs- und Bremsschlupf, Schräglaufwinkel) fortwährend. Auch die Witterungs-, Umgebungs- und Straßenbedingungen (Temperaturen, Wind, Niederschlag, Straßenoberflächeneigenschaften, direkte Sonneneinstrahlung auf die Reifen etc.) haben einen Einfluss auf den Rollwiderstand.

Der Rollwiderstand ist eine sich in Abhängigkeit von den momentanen Betriebs- und Umgebungsbedingungen fortwährend dynamisch ändernde Reifeneigenschaft, die maßgeblich vom momentanen thermischen Zustand des

Reifens geprägt ist. Wie sich einzelne Einflussgrößen prinzipiell auf den Rollwiderstand auswirken, ist weitgehend bekannt, siehe Kap. 3.2. Im Vergleich zum Pkw-Reifen sind die konkreten Zusammenhänge bezogen auf den Nutzfahrzeugreifen bisher wenig erforscht, siehe Kap. 2. Insbesondere ist kaum bekannt, wie sich Nutzfahrzeugreifen in Abhängigkeit realer Betriebs- und Umgebungsbedingungen thermisch verhalten. Auch gibt es nur wenige verlässlichen Aussagen, wie sich der Rollwiderstand in Abhängigkeit der Reifen-, Strecken- und Umgebungstemperaturen dynamisch ändert.

Ziel der vorliegenden Arbeit ist ein thermisches Nutzfahrzeugreifenmodell zur Prognose realer transienter Rollwiderstandsverläufe. Hierbei werden nicht primär die exakten physikalischen und viskoelastischen Zusammenhänge im Reifen und die Reibungs-, Deformations- und Schlupfvorgänge in der Reifen-Fahrbahnkontaktfläche modelliert. Vielmehr wird auf Basis realer Fahrzeugversuche und Rollwiderstandsmessungen auf der Straße ein teilempirischer Modellansatz entwickelt, der eine realistische Prognose des thermischen Reifenzustandes erlaubt.

Hierzu wird in einem groß angelegten Feldversuch im realen Güterfernverkehr eine möglichst repräsentative Datenbasis der auftretenden Betriebs- und Umgebungsbedingungen und der daraus resultierenden Reifentemperaturverläufe geschaffen. Dazu werden in mehreren Transportunternehmen Zugfahrzeuge und Satteltauflieger messtechnisch ausgerüstet, die dann im typischen Güterkraftverkehrsalltag auf unterschiedlichen Strecken innerhalb Deutschlands und zu unterschiedlichen Jahreszeiten im Fernverkehr eingesetzt werden und sämtliche relevanten Informationen sammeln.

Parallel dazu werden Rollwiderstandsmessungen auf echten Fahrbahnen des öffentlichen Straßennetzes durchgeführt. Ziel ist es, eine Datenbasis zu generieren, die den Reifenrollwiderstand unter Berücksichtigung der Vielfalt von Betriebs- und Umgebungsbedingungen situationsbezogen und praxisnah dokumentiert. Dabei interessiert neben stationären Zuständen im thermischen Gleichgewicht unter definierten Betriebsbedingungen insbesondere auch das transiente Rollwiderstandsverhalten der Reifen in Aufwärm- und Abkühlphasen sowohl bei konstanten als auch bei wechselnden Umgebungsbedingungen.

Das entwickelte thermische Nutzfahrzeugreifenmodell wird in eine vorhandene Gesamtfahrzeugentwicklungsumgebung integriert, um aus gegebenen Fahr- und Streckenprofilen sowie Beladungssituationen realistische Rollwiderstände zu prognostizieren.

Die Arbeit soll einen wissenschaftlichen Beitrag leisten, um Gesamtfahrzeugentwicklungs- und Zertifizierungsumgebungen zu verbessern, die basierend auf repräsentativen oder individuellen Fahr- und Streckenprofilen, Beladungsszenarien etc. realistischere und detailliertere energetische Berechnungen ermöglichen.

Insbesondere bei Nutzfahrzeugen können die Betriebsbedingungen und Nutzungsspektren der Reifen stark unterschiedlich sein. Die Arbeit möchte daher weiterhin einen Beitrag leisten, um einfache Verbrauchsprognosewerkzeuge zu entwickeln, mit denen ein Spediteur für einen konkreten Fernverkehrszug je nach Einsatzszenario Reifen auswählen kann, die für die aus Prognosen oder Erfahrungen abgeleiteten Betriebs- und Umgebungsbedingungen den niedrigsten integralen Rollwiderstand im Realbetrieb offenbaren.

Neben dem direkten betriebswirtschaftlichen Nutzen für den einzelnen Spediteur eröffnet sich – multipliziert mit dem heutigen bzw. prognostizierten Verkehrsaufkommen – auch in ökologischer Hinsicht ein großes Potenzial, siehe Abbildung 1.1.

2 Stand der Technik

Reifenmodelle spielen als kraftübertragendes Bindeglied zwischen Fahrzeug und Fahrbahn in der Simulation des Gesamtfahrzeugverhaltens eine entscheidende Rolle und bestimmen oft maßgeblich die Ergebnisqualität. Sie lassen sich hinsichtlich mehrerer Kriterien klassifizieren, [71]:

- Art des Reifens (Pkw-, Nfz-, Motorradreifen, …)
- Art der Anwendung (Fahrdynamik, Fahrkomfort, Betriebsfestigkeit, Energieeffizienz, …)
- Art der Modellierung (empirisch, physikalisch, semiphysikalisch, …)

Üblich ist auch eine Charakterisierung hinsichtlich relevanter Attribute (linear, nichtlinear, stationär, transient, thermisch, viskoelastisch, echtzeitfähig, …). Je nach Anwendung und Modellierungsansatz unterscheiden sich Reifenmodelle teils erheblich hinsichtlich Komplexität, Detaillierungsgrad, Abbildungsgüte, Parametrierungsaufwand und Rechenzeit. Valide Modelle können auch zur Prädiktion verwendet werden.

Bekannte Ansätze zur Modellierung des Rollwiderstands und dessen Abhängigkeit von Betriebs- und Umgebungsbedingungen lassen sich grob unterteilen in empirische, viskoelastische und thermische Rollwiderstandsmodelle.

Der Stand der Technik konzentriert sich auf die Modellierung von Rollwiderstand. Das sehr komplexe Thema Rollwiderstandsmessung wird ausgeklammert. Einen diesbezüglichen Überblick geben z. B. Sandberg et al. [88] oder Andersen et al. [1].

2.1 Empirische Rollwiderstandsmodelle

Empirische Modelle bilden experimentelle Analysen oder Erfahrungen über mathematische Funktionen ab. Dabei steht die Beschreibung der gefundenen Phänomene im Vordergrund. Die ursächlichen physikalischen Zusammenhänge werden nicht abgebildet.

© Springer Fachmedien Wiesbaden GmbH, ein Teil von Springer Nature 2018
J. Neubeck, *Thermisches Nutzfahrzeugreifenmodell zur Prädiktion realer Rollwiderstände*, Wissenschaftliche Reihe Fahrzeugtechnik Universität Stuttgart, https://doi.org/10.1007/978-3-658-21541-5_2

Nach der üblichen Lehrbuchmeinung [107, 39] ist der Rollwiderstand eines Reifens zunächst proportional zur wirkenden Normalkraft. Dieser Grundzusammenhang wird bei genauerer Betrachtung erweitert um die Einflüsse von Radlast, Reifendruck, Fahrgeschwindigkeit und Temperaturen, siehe Kap. 3.2.

Khromov und Konovalova [49] haben den Einfluss der Radlast und des Reifenfülldruckes auf den Rollwiderstand im thermischen Gleichgewichtszustand des Reifens untersucht. Sie haben einen quadratischen Quotienten aus Radlast und Fülldruck eingeführt, der für die Berechnung des Rollwiderstandes die unterschiedliche Einfederung des Reifens in Abhängigkeit dieser beiden Größen beschreibt. Auch Clark [17] und Schuring [89] haben den Einfluss von Radlast und Fülldruck im thermischen Gleichgewicht untersucht. Sie führen einen linearen Quotienten aus Radlast und Fülldruck ein, in dessen Abhängigkeit sich der Rollwiderstand ändert.

Lippmann et al. [60] modelliert den Rollwiderstand im thermischen Gleichgewicht in Abhängigkeit des Fülldrucks und der Deformation des Reifens durch Einfederung. Die Einfederung wird dabei als Funktion von Radlast und Fülldruck abgebildet. Auch in der SAE Norm J1269 [84] zur Bestimmung des Rollwiderstandes findet sich ein über Reifenmessungen im thermischen Gleichgewicht zu parametrierender Ansatz, der auch eine Abhängigkeit von Radlast und Fülldruck vorsieht.

Grover [38] erweitert die Abhängigkeit des Rollwiderstandes von Radlast und Fülldruck um den Einfluss der Fahrgeschwindigkeit. Der Geschwindigkeitseinfluss wird als quadratisches Polynom berücksichtigt. Der Rollwiderstand ergibt sich als Produkt dieses Polynoms und mit zwei Exponentialfunktionen, die Fülldruck und Radlast zur Basis haben. Dieser Ansatz findet sich auch in der SAE Norm J2452 [85] zur Auswertung von Ausrollmessungen.

Auch in [66] werden Exponentialfunktionen zur Berücksichtigung des Radlast- und Fülldruckeinflusses auf den Rollwiderstand im thermischen Gleichgewicht vorgeschlagen. So kann ein unter Normbedingungen (z. B. [46]) gemessener Rollwiderstand auf andere Betriebspunkte umgerechnet werden.

Der Geschwindigkeitseinfluss wurde auch von Curtiss [19] untersucht. Er beschreibt einen über den untersuchten Fahrgeschwindigkeitsbereich exponentiell ansteigenden Rollwiderstand. Die Abhängigkeit von der Variation des

Fülldrucks wurde untersucht und modelliert, die Abhängigkeit von der Radlast nicht. Auch Stiehler [92] konzentriert sich auf den Einfluss von Druck und Geschwindigkeit. Für Geschwindigkeiten bis 80 km/h findet er einen sehr einfachen, aus beiden Einflüssen superpositionierbaren Zusammenhang. Elliot et al. [25] betrachtet den Geschwindigkeitsbereich bis 160km/h. Er setzt ein Polynom vierten Grades an, um den Geschwindigkeitseinfluss auf den Rollwiderstand zu parametrieren.

Neuere Versionen der Magic Formula von Pacejka [75] berücksichtigen ein vom Rollwiderstand induziertes Rollwiderstandsmoment entgegen der Drehbewegung des Rades. Ähnlich dem Ansatz von Grover [38] und [66] finden sich zwei Exponentialfunktionsterme, die Fülldruck und Radlast zur Basis haben. In einem weiteren Term werden der Einfluss von Fahrgeschwindigkeit, Längskraft und Sturzwinkel berücksichtigt. Auch dieser recht aufwendige Ansatz berücksichtigt noch keine Temperaturabhängigkeit.

Janssen und Hall [47] untersuchten 1980 in einem klimatisierten Reifenprüfstand den Einfluss der Umgebungstemperatur auf den Rollwiderstand von Pkw-Reifen. Sie modellierten für abnehmende Umgebungstemperaturen eine exponentielle Zunahme des Rollwiderstands. Sie berechnen, dass auf Kurzfahrten bei -20 °C der Mehrverbrauch gegenüber Fahrten bei +20 °C etwa 35 % beträgt und dass der initiale Rollwiderstand für diesen Vergleich etwa doppelt so groß ist.

Unrau [98] hat neben dem Einfluss der Trommelkrümmung und der Übertragbarkeit der Ergebnisse in die Ebene u. a. auch den Einfluss der Umgebungstemperatur auf den Rollwiderstand im thermischen Gleichgewicht untersucht. Dabei konnten Annahmen aus älteren Quellen [119, 20] qualitativ bestätigt werden. Der Rollwiderstand nimmt pro Kelvin Erhöhung der Umgebungstemperatur um etwa 0,9 % ab, bezogen auf einen gemessenen Rollwiderstand im thermischen Gleichgewicht bei bekannter Umgebungstemperatur.

Die ISO 28580 [46] beschreibt die Rollwiderstandsmessprozedur im thermischen Gleichgewicht für genau einen Betriebspunkt, die u. a. für die Kennzeichnung der Reifen hinsichtlich Kraftstoffeffizienz im Rahmen des EU-Reifenlabeling angewendet wird. Die Norm erlaubt Prüfumgebungstemperaturen von 20-30 °C. Die Ergebnisse sind auf die Zieltemperatur von 25 °C umzurechnen. Für Pkw-Reifen ist der Rollwiderstand pro Kelvin Erhöhung um 0,8 %, für Reifen schwerere Nfz um 0,6 % zu reduzieren, bezogen auf den gemessenen Rollwiderstand im thermischen Gleichgewicht bei der tatsächlichen Prüfumgebungstemperatur.

Obige Ansätze beziehen sich im Wesentlichen auf Pkw-Reifen. Ramshaw und Williams [81] bestätigen zwar die prinzipielle Übertragbarkeit der grundlegenden rollwiderstandsbeeinflussenden Zusammenhänge vom Pkw- auf den Nutzfahrzeugreifen, empirische Rollwiderstandsmodelle speziell für Reifen von schweren Nutzfahrzeugen finden sich in der Literatur dennoch kaum.

Bode [10] hat Messungen mit Nfz-Reifen auf realen Fahrbahnoberflächen durchgeführt. Er schlägt eine Formel vor, die alle wesentlichen Einflussgrößen auf den Rollwiderstand beinhaltet und so eine Modellierung des realen Rollwiderstandes auf der Straße erlauben würde. Als Referenzwert dient der nach ISO 28580 genormte Rollwiderstand, der mittels einer Krümmungskorrektur auf die glatte Fahrbahn übertragen werden soll. Die Faktoren für Fülldruck und Radlasttemperatur entsprechen den exponentiellen Ansätzen aus [66, 38, 85, 75]. Weitere Faktoren für den Einfluss von Geschwindigkeit, Temperatur, Fahrbahntextur und auch Fahrbahnnachgiebigkeit werden in dem Vorschlag nur qualitativ eingeführt. Die durchgeführten Messungen bestätigen prinzipiell den Einfluss dieser Größen auf den Rollwiderstand und zeigen auch erste exemplarische Korrelationsansätze. Auch [55] diskutiert diese Ergebnisse.

Popov et al. [78] sowie Miège und Popov [67] untersuchen und modellieren den Einfluss von dynamischen Radlastschwankungen auf den Rollwiderstand von Nutzfahrzeugreifen.

Allen empirischen Ansätzen ist gemein, dass sie je nach Ansatz und Komplexität auf eine Vielzahl von Rollwiderstandsmessungen angewiesen sind. Die gewählten mathematischen Ansatzfunktionen haben zwischen zwei und zehn freie Parameter, die – von Ausnahmen abgesehen – keinen physikalisch motivierten Hintergrund haben. Um unzulässige Extrapolationen zu vermeiden, müssen die zugrundeliegenden Messungen den notwendigen Parameterraum abdecken.

Insbesondere bei den älteren Ansätzen ist zu berücksichtigen, dass sie teils aufgrund von messtechnischen Restriktionen nur ausgewählte Einflussgrößen oder eingeschränkte Messbereiche abdecken. Darüber hinaus haben sich der mechanische Aufbau der Reifen und die chemische Zusammensetzung der Gummimischungen über die Jahre teils grundlegend geändert.

Empirische Rollwiderstandsmodelle sind prinzipiell geeignet, den Einfluss von Radlast, Fahrgeschwindigkeit, Fülldruck und Umgebungstemperatur auf den Rollwiderstand qualitativ abzubilden. Da empirische Modelle auf Messungen basieren, die in der Regel Betriebspunkte des Reifens im thermischen Gleichgewicht repräsentieren, sind sie auch nur für diese Betriebspunkte valide. Eine Rollwiderstandsprognose von „kalten" oder sich in der Phase der Erwärmung und Abkühlung befindlichen Reifen kann nicht erfolgen.

Das thermische Verhalten des Reifen ist eine sich fortwährend ändernde Größe. Das dynamische thermische Verhalten ist von den Anfangszuständen und den sich aus dem Betrieb ergebenen Energiein- und -austrägen abhängig. Es erscheint nicht sinnvoll, das thermische Reifenverhalten und dessen Einfluss auf den Rollwiderstand über rein empirische Modelle abzubilden.

2.2 Viskoelastische Rollwiderstandsmodelle

Viskoelastische Rollwiderstandsmodelle sind den physikalischen Modellen zuzuordnen. Dabei werden Kenntnisse über die innere Struktur und über die für die zu beschreibende Eigenschaft ursächlichen physikalischen Zusammenhänge genutzt. Die mathematische Beschreibung basiert auf den physikalischen Gesetzmäßigkeiten.

Der Rollwiderstand hängt von den viskoelastischen Eigenschaften des Reifens ab. Viskoelastizität bezeichnet ein teilweise elastisches und teilweise plastisches Materialverhalten. Beim Abrollen auf der Fahrbahn unter Last verformt sich der Reifen. Viskoelastische Modelle versuchen, die Verformungen, Dehnungen und Spannungen beim Abrollen zu beschreiben.

Collins et al. [18] formulieren den für viele weiten Arbeiten gültigen Modellansatz, dass Reifengummi beim Abrollen durch Biegung und Stauchung beansprucht wird. Der Energieverlust durch Biegung ist dehnungsabhängig. Der Energieverlust bei Stauchung ist spannungsabhängig.

Willett [113, 114] beschreibt den Rollwiderstand in Abhängigkeit von Deformation und Fülldruck sowie abhängig von Verlustmodulen wesentlicher Reifenkomponenten. Das Verlustmodul ist eine spezifische Materialeigenschaft und beschreibt die während einer zyklischen Deformation dissipierte Energie. Willet berücksichtigt die Biegung und Stauchung des Laufstreifens sowie die Biegung von Karkasse und Gewebelagen für die Modellierung des Rollwiderstandes.

Pillai et al. [79, 80] modellieren den Rollwiderstand in Abhängigkeit von Fülldruck, radialer Einfederung beim Abrollen, Breite des Reifenlatschs und einer Hystereseeigenschaft des Reifens beim Abrollen. Die Hysterese wird dabei als Materialkonstante definiert, die sich aus dem Anteil der dissipierten Energie bezogen auf den Energieeintrag während eines Deformationszyklus.

Die Finite Elemente Methode (FEM) ist eine etablierte Technologie zur numerischen Berechnung physikalischer Vorgänge in deformierbaren Körpern. Entsprechend finden sich viele Arbeiten, die sich – ohne Fokus auf den Rollwiderstand – mit der Berechnung von Spannungen, Biegungen und Verformungen im Reifen und dem Reifen-Fahrbahn-Kontakt beschäftigen, z. B. [82, 83, 94, 118].

Luchini et al. [61, 62] nutzen detaillierte FEM Modelle zur Prädiktion des Rollwiderstandes. Über ein Materialmodell der reinen Gummieigenschaften und eine inkrementelle Berechnung der lokalen Verformungen werden die Hystereseverluste bestimmt. Auch Shida et al. [90] nutzen detaillierte FEM Modelle. Die verwendeten Ansätze berücksichtigen die anisotropen Eigenschaften von faserverstärkten Gummimaterialien. Auch Wei et al. [105] berücksichtigen im Materialmodell drei-dimensional anisotrope Eigenschaften von faserverstärktem Gummi zur Berechnung der Energieverluste. FEM-Modelle erfordern detailliertes Wissen über die genauen Materialeigenschaften, den konstruktiven Aufbau und die Reifengeometrie. Die Parametrierung der Modelle ist aufwendig und erfolgt oft auf Basis von Materialproben.

Viskoelastische Modellansätze finden sich auch in vielen weiteren Reifenmodellen, die nicht primär mit dem Fokus Rollwiderstand entwickelt wurden. Mit dem Fokus auf Parametrierungs- und Rechenzeiteffizienz wird das

Deformationsverhalten des Reifens über unterschiedlich detaillierte Modell-reduktionen und Vereinfachungen bestimmt. Hierbei wird der Reifen in vergleichsweise wenige starre Massen diskretisiert, die über rheologische Modelle miteinander verbunden sind. So können auf makroskopischer Ebene die viskoelastischen Eigenschaften abgebildet werden. Exemplarisch seien die Reifenmodelle SWIFT [75], FTire [36] und Hohenheimer Reifenmodell [30] genannt.

Greiner [37] stellt ein Walkwiderstandsmodell vor, das die viskoelastischen Reifeneigenschaften über eine Parallelschaltung eines Feder-, eines Dämpfer- und eines Reibelements beschreibt und über vergleichsweise einfache Versuche am Reifenprüfstand parametriert werden kann. Das Modell prädiziert den Walkwiderstand in Abhängigkeit von Fülldruck und Reifentemperatur sowie Radlast und Fahrgeschwindigkeit. Die Verlustleistungen aus dem Walkwiderstand entsprechen den Hystereseverlustleistungen des Gummis.

Viskoelastische Rollwiderstandsmodelle beschreiben die Hystereseverluste der (teils faserverstärkten) Gummimaterialien anhand der hinterlegten Materialeigenschaften. Sind die Materialeigenschaften konstant, so wird der Rollwiderstand für den thermischen Zustand berechnet, auf den die Materialdaten bezogen sind. Sind temperaturabhängige Materialeigenschaften hinterlegt, so muss das viskoelastische Modell mit einem thermischen Modell gekoppelt werden, siehe Kap. 2.3. In diesem Zusammenhang wird gelegentlich auch von thermo-viskoelastische Modellen gesprochen. Einige der oben genannten Quellen gehören in diese Kategorie, z. B. [37, 105].

Der im Rahmen dieser Arbeit vorgestellte Ansatz zur Modellierung des thermischen Reifenverhaltens zur Prädiktion von transienten Rollwiderstandsverläufen umgeht die explizite Berechnung der Reifendeformationen beim Abrollen und benötigt somit nur die grundlegenden vertikaldynamischen Reifeneigenschaften zur Reifeneinfederung und Kontaktpunktberechnung.

2.3 Thermische Rollwiderstandsmodelle

Thermische Reifenmodelle werden den physikalischen Modellansätzen zugeordnet. Dabei wird der Reifen in diskrete Bereiche unterteilt. Jedem

Bereich wird eine Wärmekapazität zugeordnet und der Wärmeaustausch über Wärmeströme zu angrenzenden Bereichen modelliert. Für jeden dieser Bereiche können so die transienten Temperaturverläufe berechnet werden. Laut Schuring et al. [89] nutzte erstmals Trivisonne [95] diese Art der Modellierung zur Beschreibung des Rollwiderstandes. Er definiert den Rollwiderstand als Änderung der vom Reifen in Wärme umgesetzten Energie bezogen auf die zurückgelegte Wegstrecke.

Clark und Loo [16] folgern aus dem exponentiellen Anstieg der Reifentemperatur ein exponentielles Absinken des Rollwiderstandes. Sie definieren über eine einzige Materialkonstante des Reifens die Temperaturabhängigkeit des Rollwiderstands und stellen so einen exponentiellen Zusammenhang zwischen dem Rollwiderstand eines kalten Reifens und dem Rollwiderstand im thermischen Gleichgewichtszustand des Reifens her.

Whicker et al. [106] benutzen ein kombiniertes thermomechanisches Modell unter Berücksichtigung viskoelastischer und thermischer Materialeigenschaften. Die durch die Deformation dissipierte Energie dient als Wärmeeintrag in eine thermische Zustandsberechnung. Für den thermischen Gleichgewichtszustand des Reifens wird eine Rollwiderstandsverlustleistung berechnet.

Greiner [37] modelliert den Reifen über eine globale Wärmekapazität. Die Reifentemperatur ergibt sich aus der Bilanzierung des aus einem viskoelastischen Walkwiderstandsmodell resultierenden Energieeintrags sowie der Wärmeabgabe über Konduktion und Konvektion an die Umgebung. Aus der iterativ gekoppelten Modellierung von Walkwiderstand und Reifentemperatur ergibt sich ein Rollwiderstandsprognosemodell.

Sandberg [86] stellt ein einfaches thermodynamisches Rollwiderstandsmodell für schwere Nutzfahrzeugreifen vor, in dem der Rollwiderstandsbeiwert von einer globalen Reifentemperatur und der Fahrgeschwindigkeit abhängig ist. Er geht von den vereinfachenden Annahmen aus, dass die stationäre Reifentemperatur nur von der Fahrgeschwindigkeit abhängig ist und dass sich die Temperaturentwicklung des Reifens über eine reifenspezifische Zeitkonstante beschreiben lässt.

Die Methode der Finiten Elemente ermöglicht die Unterteilung des Reifens in beliebig kleine Volumenelemente. Jeder dieser Bereiche kann thermodynamisch bilanziert werden. So können die Wärmeströme und Temperaturverteilungen im Reifen mit hoher geometrischer Auflösung simuliert werden. Hierzu werden oft viskoelastische FEM-Modelle zur Modellierung der mechanischen Deformations- und Dissipationsvorgängen mit FEM-Modellen der thermischen Energiebilanzierung gekoppelt. Ebbott et al. [21] nutzen diese Vorgehensweise, um den Rollwiderstand in Abhängigkeit von Reifentemperatur und anregungsfrequenzabhängiger Reifenverformung zu modellieren. Ähnliche Ansätze finden sich bei Futamura und Goldstein [35], Park et al. [76] und Wang et al. [103].

Auch Narasimha et al. [68] nutzten detaillierte FEM-Modelle zur Diskussion der Abhängigkeit des Rollwiderstandes von Reifenprofilmaterialeigenschaften, Normalkraft und Umgebungstemperatur sowie weiteren Einflussfaktoren. Narasimha et al. bestätigen auf diese Weise z. B., dass der Rollwiderstand mit steigender Normalkraft oder höherem Verlustmodul im Reifenprofil ansteigt, während er mit zunehmenden Umgebungstemperaturen oder größerer Profilsteifigkeit abnimmt.

Mit zunehmender numerische Effizienz und Rechenkapazität werden die FEM-Modelle immer detaillierter. So berücksichtigen z. B. Cho et al. [15] auch die Profilierung des Reifens für die Schätzung des Rollwiderstandes. Behnke und Kaliske [6, 7] berücksichtigen z. B. die gerichtete Wärmeausbreitung entlang der Stahl- oder Gewebefasern in den einzelnen Karkassenlagen.

Es finden sich viele weitere Quellen, die sich – ohne Bezug zum Rollwiderstand – mit Modellen zum thermischen Reifenverhalten beschäftigen. Auch die kommerziell verfügbaren Reifenmodelle mit thermodynamischen Ansätzen zur Modellierung der Temperaturentstehung und -ausbreitung werden vorwiegend mit Fokus auf die Temperaturabhängigkeit der schlupfabhängigen Reifenkräfte entwickelt und eingesetzt. Exemplarische Produkte sind CDTire/Thermal [14] und TaMeTire [31, 32].

Die aus der Literatur bekannten thermischen Rollwiderstandsmodelle wurden oft am Beispiel Pkw-Reifen entwickelt und meist über Prüfstandsversuche parametriert und validiert. Die grundlegenden physikalischen Modellansätze sind aber prinzipiell auch auf Nutzfahrzeugreifen adaptierbar.

Bezogen auf die Zielsetzung der vorliegenden Arbeit sind detaillierte FEM-Modellansätze wenig geeignet, da sie meist über Materialproben bestimmte gummimischungsspezifische Eigenschaften sowie Detailkenntnisse über die geometrischen Verhältnisse und den inneren strukturellen Aufbau des Reifens voraussetzen. Auf der anderen Seite erscheinen Modellansätze, die den thermischen Reifenzustand über eine einzige globale Reifentemperatur erfassen, zu rudimentär, um die komplexen thermischen und den transienten Rollwiderstand beeinflussenden Vorgänge im Reifen zu beschreiben.

Es wird ein Rollwiderstandsmodell vorgestellt, dessen physikalisch modellierter thermischer Zustand über vier Reifentemperaturen beschrieben wird. So wird auf der einen Seite eine gute Prognosequalität erreicht, auf der anderen Seite kann das Modell mit vertretbarem Aufwand über Messungen im Realfahrbetrieb parametriert werden.

3 Grundlagen

3.1 Bilanzierung der Fahrwiderstände

Der Begriff Rollwiderstand wird in der Literatur mitunter unsauber bzw. uneinheitlich verwendet. Zur klaren Ein- und Abgrenzung des Rollwiderstandes soll kurz auf die diesbezüglich üblichen energetischen Betrachtungen eingegangen werden.

Fahrwiderstände sind Kräfte, die entgegen der Fahrtrichtung auf das Fahrzeug wirken. Dennoch bietet sich an, zunächst über Leistungen zu bilanzieren. Die Hauptgleichung des Kraftfahrzeugs (Gl. 3.1) besagt, dass die effektive Motorleistung P_e der Summe aus (fahrzeug-)inneren Verlustleistungen sowie aus Verlustleistungen aufgrund äußerer Kräfte entspricht, [107]:

$$P_e = P_{VT} + P_S + P_R + P_{LW} + P_{St} + P_a \qquad \text{Gl. 3.1}$$

Danach setzten sich die inneren Verlustleistungen aus der Triebstrangverlustleistung P_{VT} und der Schlupfverlustleistung P_S zusammen. Die Verlustleistungen aufgrund der äußeren Kräfte sind die Rollwiderstandsleistung P_R, die Luftwiderstandsleistung P_{LW} sowie die Steigungsleistung P_{St} und die Beschleunigungsleistung P_a. Die äußeren Verlustleistungen resultieren aus den Fahrwiderständen:

$$\sum F_W = F_R + F_{LW} + F_{St} + F_a = F_Z \qquad \text{Gl. 3.2}$$

Nach Gl. 3.2 setzt sich die Summe der Fahrwiderstände F_W aus dem Rollwiderstand, dem Luftwiderstand F_{LW}, dem Steigungswiderstand F_{St} und dem Beschleunigungswiderstand F_a zusammen. Die Summe der Fahrwiderstände muss durch die Zugkraft F_Z überwunden werden. Obige Bilanzierung gilt für eine reine längsdynamische Betrachtung und unter Vernachlässigung sekundärer Effekte. Bei genauerer Betrachtung können weitere Fahrwiderstände ausgemacht werden. Haken [39] nutzt den Begriff Radwiderstand F_{WR} als Klammer für radnah auftretende Fahrwiderstandsanteile:

© Springer Fachmedien Wiesbaden GmbH, ein Teil von Springer Nature 2018
J. Neubeck, *Thermisches Nutzfahrzeugreifenmodell zur Prädiktion realer Rollwiderstände*, Wissenschaftliche Reihe Fahrzeugtechnik Universität Stuttgart, https://doi.org/10.1007/978-3-658-21541-5_3

$$F_{WR} = F_R + F_{WRS} + F_{WRL} + F_{WRV} + F_{WRK} + F_{WRF} \qquad \text{Gl. 3.3}$$

Neben dem Rollwiderstand F_R werden der Schwallwiderstand F_{WRS}, der Lagerwiderstand F_{WRL} sowie Vorpurspurwiderstand F_{WRV}, Kurvenwiderstand F_{WRK} und Federungswiderstand F_{WRF} eingeführt, siehe Gl. 3.3.

Der Rollwiderstand wird in Kap. 3.2 gesondert betrachtet. Der Schwallwiderstand berücksichtigt die hydrostatischen Kräfte, die für die Verdrängung von Wasser aus der Reifenprofilierung aufgebracht werden müssen. Der Lagerwiderstand berücksichtigt die Reibung im Radlager. Ihm werden auch die Restbremsmomente zugeordnet. Laufen Räder unter Vorspur, so entsteht ein Schräglaufwinkel, aus dem eine Seitenkraft resultiert. Der Vorspurwiderstand ist die entgegen der Fahrtrichtung wirkende Komponente dieser Seitenkraft. Auch bei Kurvenfahrt bauen sich an den Rädern Schräglaufwinkel auf, so dass die resultierenden Seitenkräfte der Fliehkraft das Gleichgewicht halten. Auch hier haben die Seitenkräfte eine Komponente, die entgegen der momentanen Bewegungsrichtung des Fahrzeuges wirkt, den Kurvenwiderstand. Der Federungswiderstand berücksichtigt im Wesentlichen die beim Ein- und Ausfedern im Fahrwerk von Dämpfer und Gummilagern dissipierte Energie.

Die Summe der Radwiderstandsanteile aller Räder entspricht dem entsprechenden Fahrwiderstand bezogen auf das Gesamtfahrzeug.

Ebenfalls radnah auftretend ist der sogenannte Lüfterwiderstand oder Ventilationswiderstand. Ein drehendes Rad generiert einen Luftstrom, ähnlich einem Ventilator. Zur Bewegung von Luft wird eine Energie benötigt, die das Fahrzeug aufbringen muss. Dieser Lüfterwiderstand ist aerodynamischer Natur und wird dem Luftwiderstand zugeordnet. Aerodynamische Effekte am drehenden Rad werden in [104, 65, 116, 117, 57, 58, 59] behandelt.

Horn [43] bilanziert im Zuge einer ganzheitlichen energetischen Betrachtung von Kraftfahrzeugen auf Basis von Energien. Abbildung 3.1 zeigt die Aufteilung und die Zuordnung des Energiebedarfs zur Überwindung der äußeren Fahrwiderstände und zur Überwindung der inneren Verlustleistungen.

Für eine genauere Bilanzierung können Gl. 3.1 und Gl. 3.2 entsprechend erweitert werden, wobei auch Wechselwirkungen zwischen den einzelnen Anteilen berücksichtigt werden müssen.

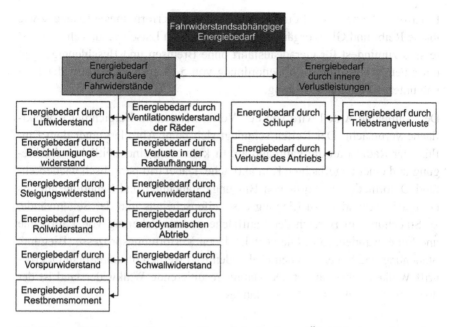

Abbildung 3.1: Aufteilung des Energiebedarfs zur Überwindung der Fahrwiderstände und der Verlustleistungen, [43]

Die messtechnische Erfassung und saubere Trennung der einzelnen Anteile
ist insbesondere bei den radnahen Fahrwiderständen schwierig. Vor diesem
Hintergrund ist bei dem Begriff Rollwiderstand Vorsicht geboten, teilweise
sind andere Anteile enthalten, teilweise werden abweichende Definitionen
benutzt.

3.2 Rollwiderstand

Beim Abrollen eines belasteten Rades auf einer Fahrbahn verformt sich der
Reifen und bildet eine Kontaktfläche (Latsch) mit der Fahrbahnoberfläche
aus. Dabei kommt es je nach Untergrund und Radlast auch zu einer mehr
oder weniger stark ausgeprägten Verformung der Fahrbahn. Zur Herleitung
der Grundzusammenhänge wird die Fahrbahn zunächst als starr angenommen.

Der Rollwiderstand wird durch viskoelastische Verformungsvorgänge sowie lokale Reib- und Gleitvorgänge (Mikroschlupf) im Latsch verursacht. Letztere sind zumindest für Geradeausfahrt ohne Bremsen und Beschleunigungen mit einem Anteil in der Größenordnung von 5 % am Gesamtrollwiderstand von untergeordneter Bedeutung.

Der dominante Anteil wird von den Verformungen im Bereich der Kontaktfläche verursacht. Der Reifen schmiegt sich beim Abrollen unter dem Einfluss der Radlast an die Fahrbahn an. Er kommt zu einer seitlichen Ausbiegung und einer abgeflachten Kontaktfläche. Dabei tritt periodisch wiederkehrend Deformation in Form von Biegung, Stauchung und Scherung auf. Es kommt insbesondere zu Biegung des Reifenscheitels und der Seitenwände, zu Stauchung im Bereich der Lauffläche und zu Scherung von Lauffläche und Seitenwänden, [66]. Die verschiedenen Verformungsprozesse (Biegung, Stauchung und Scherung) beim rollenden Rad werden oft unter dem Oberbegriff Walken subsummiert. Der daraus resultierende Walkwiderstand ist der dominante Anteil des Rollwiderstandes.

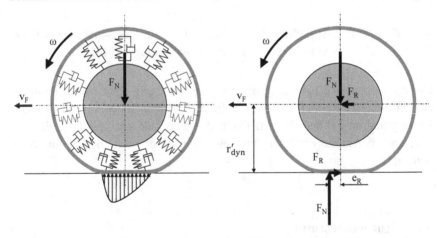

Abbildung 3.2:   Physikalisches Ersatzmodell der viskoelastischen Reifeneigenschaften am rollenden Rad, nach [39]

Elastomere haben viskoelastische Eigenschaften. Über ein einfaches physikalisches Feder-Dämpfer-Ersatzmodell kann die Hystereseeigenschaft verdeutlicht werden, siehe Abbildung 3.2. Der viskoelastische Reifen speichert einen Teil der Verformungsenergie (Ersatzmodell Feder – elastisches Verhalten) und dissipiert einen Teil in Form von Wärme (Ersatzmodell Dämpfer – viskoses Verhalten). So kehrt der Reifen nach seiner lokalen Verformung wieder in die Ursprungsform zurück, aufgrund der Viskosität aber zeitversetzt.

Die Radlast wird über die Radnabe auf das System Rad übertragen. Im Latsch bildet sich beim rollenden Rad eine unsymmetrische Flächenpressungsverteilung aus. Die resultierende Normalkraft greift in Fahrtrichtung außermittig vor der Radmitte an. Im Reifeneinlauf muss aufgrund der Viskosität für die vertikale Deformation mehr Arbeit verrichtet werden als am Reifenauslauf. Aus dem Momentengleichgewicht um die Radnabe am frei rollenden Rad bei konstanter Geschwindigkeit wird deutlich, dass im Latsch auch eine horizontale Kraft entgegen der Fahrtrichtung von der Fahrbahn auf den Reifen wirken muss. Diese Kraft entspricht per Definition der Rollwiderstandskraft F_R, siehe Gl. 3.4.

$$F_R = \frac{e_R}{r'_{dyn}} \cdot F_N = f_R \cdot F_N \qquad \text{Gl. 3.4}$$

Dabei ist F_N die Normalkraft und r'_{dyn} der Abstand zwischen Radmitte und Fahrbahn beim rollenden Rad. Die Exzentrizität e_R, mit der die aus der Flächenpressung resultierende Kraft von der Fahrbahn auf den Reifen wirkt, wird Hebelarm der rollenden Reibung genannt. Unter der vereinfachenden Annahme, dass e_R und r'_{dyn} konstant sind, ergibt sich der oft zitierte Zusammenhang: Der Rollwiderstand ist proportional zur Radlast, mit einem konstanten Rollwiderstandskoeffizienten f_R. Der Rollwiderstandskoeffizient ist dimensionslos.

Für die Rollwiderstandsleistung ergibt sich:

$$P_R = \frac{e_R}{r'_{dyn}} \cdot F_N \cdot v_F = f_R \cdot F_N \cdot v_F \qquad \text{Gl. 3.5}$$

Am angetriebenen Rad wirkt annähernd der gleiche Rollwiderstand, [39]. Der Rollwiderstand wird durch das Antriebsmoment aufgebracht. Die zwischen Fahrbahn und Rad übertragende Längskraft entspricht der Antriebskraft abzüglich des Rollwiderstandes. Unter dem Einfluss von Längskräften ändert sich auch die Flächenpressungsverteilungen im Latsch und der Angriffspunkt der resultierenden Normalkraft, [107, 39].

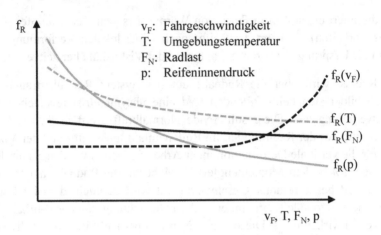

Abbildung 3.3:   Qualitativer Verlauf des Rollwiderstandskoeffizienten in Abhängigkeit der Einflussgrößen, nach [39]

Bei genauerer Betrachtung zeigt sich, dass der Rollwiderstandskoeffizient f_R eines Reifens nicht konstant ist. Abbildung 3.3 zeigt den qualitativen Verlauf des Rollwiderstandskoeffizienten in Abhängigkeit von den Einflussgrößen Radlast, Fülldruck, Umgebungstemperatur und Fahrgeschwindigkeit.

Wird auch eine Deformation der Fahrbahn berücksichtigt, z. B. beim Fahren auf Ackerboden, so erhöht sich der Rollwiderstand. Die Energie zur Verformung der Fahrbahn muss im Reifeneinlauf aufgebracht werden, entsprechend erhöht sich dort die Flächenpressung, die resultierende Normalkraft greift in Fahrrichtung weiter vorne an. Daraus resultiert ein größerer Rollwiderstand.

Die Gummimischung eines Reifens besteht – stark vereinfacht – aus Polymeren (z. B. Kautschuk), Verstärkerfüllstoffen (z. B. Ruß und Silika) und Schwefel. Polymere sind ineinander verschlungene Molekülketten. Die Viskosität entsteht durch innermolekulare Reibungsvorgänge zwischen den Polymerketten. Die Verstärkerfüllstoffe erhöhen die Steifigkeit sowie Verschleiß- und Rissbildungsresistenz. Der Schwefel verbindet bei der Vulkanisation die Polymerketten durch sogenannte Schwefelbrücken. Diese Brücken verleihen dem Gummi Zusammenhalt und Elastizität, [66]. Das viskoelastische Verhalten und damit auch der hysteresebedingte Energieverlust von Gummi sind abhängig von Temperatur, Anregungsfrequenz und Dehnung.

Mit höherer Radlast nimmt der Rollwiderstandskoeffizient leicht ab. Eine höhere Radlast bedingt höhere Biege- und Scherbewegungen in der Lauffläche, [66]. Dadurch kommt es zu einem höheren Wärmeeintrag beim Walken. Mit zunehmender Temperatur nimmt die Viskosität etwas ab, sodass der Rollwiderstandskoeffizient geringer wird. Der Rollwiderstand als Produkt aus Rollwiderstandskoeffizient und Radlast nimmt natürlich mit ansteigender Radlast weiter zu.

Mit zunehmendem Fülldruck erhöht sich die Steifigkeit des Reifens. Die Kontaktfläche mit der Fahrbahn wird kleiner. Beides reduziert insbesondere die Biege- und Scherbelastung. Der Rollwiderstandskoeffizient nimmt mit steigendem Fülldruck ab, mit geringerem Fülldruck auch deutlich zu.

Mit steigender Fahrgeschwindigkeit erhöht sich die periodische Anregungsfrequenz. Während der Rollwiderstand bei kleinen und mittleren Geschwindigkeiten zunächst konstant ist, „verhärtet" die Gummimischung hin zu hohen Geschwindigkeiten. Die Polymerketten haben nicht genügend Zeit, um zwischen zwei Anregungen wieder zu entspannen. Dadurch erhöhen sich sowohl die Steifigkeit und als auch die Dämpfung des Elastomers. Der Rollwiderstand nimmt zu, verbunden mit einer starken Temperaturzunahme. Diese Zusammenhänge gelten für Pkw-Reifen und für die diesbezüglich relevanten Geschwindigkeitsbereiche. Bei Nutzfahrzeugreifen scheint es im signifikanten Geschwindigkeitsbereich bis 100 km/h auch gegenläufige Abhängigkeiten des Rollwiderstands von der Geschwindigkeit zu geben, [10].

Abbildung 3.3 zeigt auch den qualitativen Einfluss der Umgebungstemperatur. Mit zunehmender Temperatur erhöht sich die Viskosität des Reifens und der Rollwiderstandskoeffizient sinkt.

Die diskutierten Einflüsse auf den Rollwiderstand gelten für den Fall, dass nur die betrachtete Größe variiert und alle anderen Größen konstant gehalten werden.

Quantifizierbar werden die Einflüsse nur durch weitere Präzisierung. Hierzu soll exemplarisch der Einfluss von Fülldruck p und Radlast F_N auf den Rollwiderstand F_R genauer betrachtet werden.

Für Reifen wurde empirisch folgender Zusammenhang ermittelt, [66]:

$$F_R = F_{R_{28580}} \cdot \left(\frac{p}{p_{28580}}\right)^{\alpha_p} \cdot \left(\frac{F_N}{F_{N_{28580}}}\right)^{\beta_{FN}} \qquad \text{Gl. 3.6}$$

Die in Gl. 3.6 mit 28580 indizierten Größen beziehen sich auf den internationalen Standard zur Messung von Rollwiderstand nach ISO 28580, [46]. Danach wird ein Referenz-Rollwiderstand $F_{R_{28580}}$ unter definierten Randbedingungen für genau einen Betriebspunkt im thermischen Gleichgewicht bestimmt. Der Rollwiderstandsreferenzwert gilt für Konstantfahrt von 80 km/h bei definiertem Fülldruck p_{28580} sowie definierter Radlast $F_{N_{28580}}$ und einer Prüfumgebungstemperatur von 25 °C. Die Radlast entspricht 85 % der maximalen Tragfähigkeit des Reifens, der Fülldruck entspricht der reifenspezifischen Vorgabe für die maximale Tragfähigkeit des Reifens bei 25 °C Reifentemperatur. Die Reifen müssen für mindestens sechs Stunden vorkonditioniert werden. Die Norm geht davon aus, dass sich das thermische Gleichgewicht nach zwei Stunden Messdauer eingestellt hat, bzw. dass sich die Temperaturen dann soweit stabilisiert haben, dass ein weiterer Temperatureinfluss auf den Rollwiderstand vernachlässigbar ist. Die Angaben gelten für Fernverkehrsreifen.

Gl. 3.6 erlaubt die Abschätzung des Rollwiderstandes, der sich unter Prüfstandsbedingungen im thermischen Gleichgewicht für 25 °C Umgebungstemperatur nach zwei Stunden Konstantfahrt mit 80 km/h für von den Normbedingungen abweichenden Fülldrucken und Radlasten ergeben würde.

Die reifenspezifischen Konstanten für den Fülldruck- und Radlasteinfluss bezogen auf den Referenz-Rollwiderstand liegen für Lkw-Reifen bei $\alpha_p \approx -0,2$ und $\beta_{FN} \approx 0,9$, [66]. Typische Werte für den Referenz-Rollwiderstandsbeiwert $f_{R_{28580}}$ liegen bei Trailerachsreifen in der Größenordnung: $f_{R_{28580}} \approx 0,004 - 0,005$, bei Lenkachsreifen: $f_{R_{28580}} \approx 0,005 - 0,006$ und bei Antriebsachsreifen: $f_{R_{28580}} \approx 0,005 - 0,007$.

Die strengen Vorgaben zur thermischen Konditionierung der Reifen (und der Prüfstandsumgebung) sowie die lange Messdauer bis zum Erreichen eines thermischen Gleichgewichts zeigen, wie temperatursensibel der Rollwiderstand ist.

Der rollende Reifen hat selbst im thermischen Gleichgewichtszustand keine homogene Temperaturverteilung. Unterschiedliche Bereiche im Reifen werden unterschiedlich stark deformiert. Entsprechend unterschiedlich ist der Eintrag von Wärme aus der Walkarbeit in unterschiedliche Bereiche des Reifens.

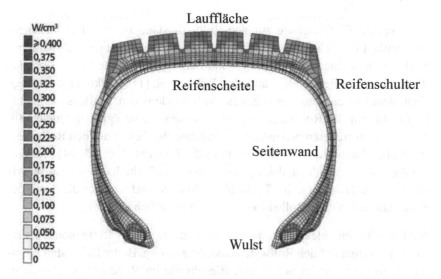

Abbildung 3.4: Querschnitt eines Lkw-Reifens mit Darstellung der Energieverlustzonen, [66]

Abbildung 3.4 zeigt die Visualisierung von Ergebnissen aus einer Finite-Elemente-Methode-Berechnung. Dargestellt ist der Energieverlust pro Volumeneinheit, der sich aus den verschiedenen lokalen Walkprozessen bei Abrollen des Reifens auf einer Oberfläche ergibt. Der Energieverlust pro Volumeneinheit ist gleichbedeutend mit dem thermischen Energieeintrag in die Volumeneinheit. Folglich spiegelt das Ergebnis zumindest qualitativ auch eine typische Temperaturverteilung im Reifen wider. Es verdeutlicht, dass es unterschiedliche Temperaturzonen im Reifen gibt. Bei einer thermischen Betrachtung eines Reifens sollten also nicht nur der Wärmeaustausch mit der Umgebung und der Wärmeaustausch mit dem eingeschlossenen Luftvolumen, sondern auch der Wärmeaustausch zwischen den einzelnen Reifenbereichen betrachtet werden.

Über Finite-Elemente-Methode-Berechnungen, wie sie Abbildung 3.4 zugrunde liegen, kann der Anteil der einzelnen Reifenbereiche am gesamten Walkwiderstand bestimmt werden. Entsprechende Ergebnisse zeigen, dass der dominante Energieanteil in einer Größenordnung von 70 % im Bereich von Lauffläche und Reifenscheitel dissipiert und in Wärme umgewandelt wird [5, 15, 21].

Eine weitere Einflussgröße auf den Rollwiderstand ist die Oberflächenbeschaffenheit der Fahrbahn. Insbesondere die Makrorauheit der Fahrbahn beeinflusst die lokalen Deformations- und Schlupfphänomene in der Kontaktfläche zwischen Reifen und Fahrbahn. Willis et al. [115] diskutieren im Zuge einer detaillierten Literaturrecherche insbesondere den Einfluss der Fahrbahntextur auf den Rollwiderstand. Die meisten diesbezüglichen Quellen (u. a. [87, 91]) korrelieren den messbaren Einfluss der Textur auf den Rollwiderstand über die mittlere Profiltiefe MPD [45]. Ejsmont et al. [23, 24] präzisieren diese Zusammenhang dahingehend, dass primär die Existenz und scharfkanntige Ausprägungen der Texturüberhöhungen und weniger die Tiefe der Texturtäler für höhere Rollwiderstände verantwortlich sind.

Auch die Reifendimensionen haben – zusammen mit der Reifenkonstruktion – einen Einfluss auf den Rollwiderstand. Je größer z. B. der Reifendurchmesser, desto geringer die Scher- und Biegekräfte im Reifenein- und -auslauf und desto geringer der Reifenrollwiderstand.

Generell gilt, dass sich Reifeneigenschaften gegenseitig beeinflussen und dass ein konkreter Reifen immer einen Kompromiss aus vielen Anforderungen darstellt. Die Energieeffizienz konkurriert dabei mit zahlreichen anderen Anforderungen (Fahreigenschaften bei unterschiedlichen Straßen- und Witterungsbedingungen, Geräuschentwicklung und Fahrkomfort, Tragfähigkeit und Gewicht, Laufleistung und Haltbarkeit, Kosten, ...), [107, 72].

3.3   Wärmeübertragung

Als Wärmeübertragung wird der Transport von Energie über eine thermodynamische Systemgrenze definiert. Dabei wird Energie in Form von Wärme vom Ort der höheren Temperatur zum Ort der niedrigeren Temperatur übertragen. Die physikalische Größe der Wärmeübertragung ist der Wärmestrom. Der Wärmestrom ist die pro Zeiteinheit übertragene Wärmeenergie und damit eine Wärmeleistung.

Wärmeübertragung kann über Wärmeleitung, Wärmeströmung und Wärmestrahlung erfolgen. Zu Details wird auf die einschlägige Fachliteratur zur Strömungslehre [13, 48], Wärmeübertragung [9, 3, 41] und Thermodynamik [4] verwiesen.

3.3.1 Wärmeleitung

Wärmeleitung wird auch Konduktion genannt und beschreibt den Wärmefluss in einem Feststoff oder in einem ruhendem Fluid. Die Wärmeleitung ist ein Mechanismus zum Transport von thermischer Energie zwischen benachbarten Atomen oder Molekülen, ohne dass es zu einem makroskopischen Massenstrom kommt. Dabei geht keine thermische Energie verloren.

Das Maß für die Wärmeleitung ist die Wärmeleitfähigkeit λ. Die Wärmeleitfähigkeit ist eine temperaturabhängige Stoffeigenschaft. Nach dem Fourierschen Gesetz kann der übertragene Wärmestrom $\dot{Q}$ in Abhängigkeit der Temperaturdifferenz und der Wärmeleitfähigkeit beschrieben werden. Für den vereinfachten Fall der Wärmeleitung durch ein isotropes Material der Dicke d mit zwei parallelen Wandflächen gilt:

$$\dot{Q} = \lambda \cdot A \cdot \frac{T_{W1} - T_{W2}}{d} \qquad \text{Gl. 3.7}$$

Dabei ist T_{W1} die Temperatur der wärmeren, T_{W2} die Temperatur der kälteren Oberfläche und A die Querschnittsfläche beider Wände. Der Wärmestrom ist proportional zur Wärmeleitfähigkeit, zur Fläche und zur Temperaturdifferenz sowie umgekehrt proportional zur Materialdicke, siehe Gl. 3.7.

Durch Einführung des Wärmeübergangskoeffizienten kann der Zusammenhang vereinfacht und verallgemeinert werden. So kann der Wärmeübergang zwischen zwei Flächen von der spezifischen Wärmeleitfähigkeit eines Materials entkoppelt und für Materialübergänge erweitert werden. Entsprechend ist auch der Wärmestrom an einer Kontaktfläche zwischen zwei Materialien abbildbar. Der Wärmeübergangskoeffizient h ist abhängig vom Material bzw. der Materialpaarung. Es gilt:

$$\dot{Q} = h \cdot A \cdot (T_{W1} - T_{W2}) \qquad\qquad \text{Gl. 3.8}$$

Der Wärmestrom ist eine nicht direkt messbare Größe. Er wird immer über eine Temperaturdifferenzmessung bestimmt. Das erlaubt eine weitere Verallgemeinerung:

$$\dot{Q} = h \cdot A \cdot (T_1 - T_2) = h \cdot A \cdot \Delta T \qquad\qquad \text{Gl. 3.9}$$

Dabei ist T_1 die Temperatur des wärmeren Materials bzw. die Temperatur an der wärmeren Messstelle. T_2 ist die Temperatur des kälteren Materials bzw. die Temperatur an der kälteren Messstelle.

3.3.2 Konvektion

Konvektion wird auch Wärmeströmung genannt und beschreibt den Wärmeübertrag innerhalb eines strömenden Fluids sowie zwischen einem strömenden Fluid und einer Oberfläche. Im Gegensatz zur Wärmeleitung kommt es auch zu einem Massenstrom. Wärme wird von dem strömenden Fluid als innere Energie oder Enthalpie mitgeführt.

Bei der Konvektion wird zwischen erzwungener und freier (natürlicher) Konvektion unterschieden. Bei der erzwungenen Konvektion wird die Strömung von einem äußeren Antrieb erzeugt (durch Pumpen, Ventilatoren oder den Motor eines fahrenden Fahrzeuges etc.), während die freie Konvektion z. B. durch Dichte- oder Konzentrationsunterschiede zustande kommt.

Die detaillierte theoretische Beschreibung der Konvektion ist oft schwierig. Der Stoff- und Wärmetransport führt zu veränderten Konzentrationen und Temperaturen im Fluid. Die daraus resultierenden Änderungen der Dichten und Viskositäten beeinflussen ihrerseits die Strömung.

Der Wärmeübergangskoeffizient h bei Konvektion beschreibt die Fähigkeit eines Fluids, thermische Energie von einer Oberfläche eines Stoffes aufzunehmen oder abzugeben. Der Wärmeübergangskoeffizient ist im Gegensatz zur Wärmeleitfähigkeit λ keine Stoffeigenschaft, sondern abhängig von der

der Art der Strömung (laminar, turbulent), der Strömungsgeschwindigkeit, von den geometrischen Verhältnissen und der Oberflächenbeschaffenheit. Es gilt:

$$h = \frac{\lambda \cdot Nu}{L}$$

Gl. 3.10

Dabei ist λ die Wärmeleitfähigkeit des Fluids. L wird charakteristische Länge genannt und ist ein in der Ähnlichkeitstheorie der Wärmeübertragung gebräuchliches Maß, das die Geometrie der umströmten Fläche charakterisiert. Die sogenannte Nußelt-Zahl Nu ist eine dimensionslose Größe, mit der in der Ähnlichkeitstheorie der konvektive Wärmeübergang zwischen einem Fluid und einer Oberfläche beschrieben wird. Die Ähnlichkeitstheorie erlaubt die Beschreibung physikalischer Vorgänge über dimensionslose Kennzahlen und die Übertragung von Ergebnissen auf andere Maßstäbe. Anschaulich beschreibt die Nußeltzahl den Faktor, um den die Wärmeübertragung aufgrund der Konvektion verstärkt wird verglichen mit der Situation, in der nur Wärmeleitung vorliegt.

Der Wärmeübergang durch Konvektion lässt sich durch Gl. 3.11 beschreiben.

$$\dot{Q} = h \cdot A \cdot (T_1 - T_2) = h \cdot A \cdot \Delta T = \frac{\lambda \cdot Nu}{L} \cdot A \cdot \Delta T$$

Gl. 3.11

Bei Überströmung des Fluids über eine Oberfläche bildet sich aufgrund der Reibung zwischen Fluid und Oberfläche eine sogenannte Strömungsgrenzschicht aus. Die Strömungsgrenzschicht ist abhängig von der Art der Strömung (laminar oder turbulent) und kann über die sogenannte Reynoldszahl charakterisiert werden. Die Strömungsgrenzschicht beeinflusst über die lokalen Fluidgeschwindigkeiten den Wärmetransport. Entsprechend bildet sich auch eine Temperaturgrenzschicht aus. Die Verknüpfung von Strömungs- und Temperaturgrenzschicht erfolgt über die sogenannte Prandtl-Zahl. Die Nußelt-Zahl zur Beschreibung des konvektiven Wärmeübergangs ist abhängig von Reynoldszahl und Prandtl-Zahl. Die genauen Zusammenhänge variieren für laminare und turbulente Strömung.

Bei der freien Konvektion wird die Strömung durch Dichteunterschiede im Fluid hervorgerufen. Dichteunterschiede können aus Temperaturunterschieden resultieren. Die Erhöhung der Dichte bewirkt die Verdrängung des umgebenen Fluids und erzeugt statische Auftriebskräfte.

Die Zusammenhänge der erzwungenen Konvektion gelten prinzipiell auch für die freie Konvektion. Zur Übertragung der Zusammenhänge wird eine sogenannte äquivalente Reynoldszahl eingeführt, die sich aus der sogenannten Grashof-Zahl ergibt. Die Grashofzahl beschreibt den Zusammenhang zwischen statischem Auftrieb, Viskosität und Trägheit.

3.3.3 Wärmestrahlung

Wärmestrahlung wird auch thermische Strahlung genannt und beschreibt die Wärmeübertragung in Form von elektromagnetischen Wellen. Die Energie ist dabei nicht an Materie gebunden und kann auch durch ein Vakuum übertragen werden. Wärmestrahlung wird von allen Körpern und Fluiden emittiert, deren Temperatur oberhalb des absoluten Nullpunktes liegt.

Sofern nicht explizit unterschieden wird, subsummiert der Begriff Körper nachfolgend auch Fluide.

Emission beschreibt die Fähigkeit eines Körpers, bei einer bestimmten Temperatur Wärmestrahlung abzugeben. Sie ist von Material- und Oberflächeneigenschaften abhängig. Der Emissionsgrad ε definiert die Strahlungsintensität eines Körpers bei einer bestimmten Temperatur bezogen auf die Strahlungsintensität eines Schwarzen Körpers. Der Schwarze Körper ist ein hypothetisches Gedankenmodell einer idealisierten thermischen Strahlungsquelle, die unabhängig von Material- und Oberflächeneigenschaften in jeder Frequenz die physikalisch größtmögliche Strahlungsleistung emittiert. Der Emissionsgrad ist dimensionslos und nimmt Werte zwischen Null für einen ideal perfekten Spiegel und Eins (für einen idealen Schwarzen Körper) an.

Körper, deren Temperatur oberhalb des absoluten Nullpunktes liegt, können elektromagnetische Strahlen auch wieder absorbieren und in innere Energie umwandeln. Neben der Absorption können auf einen Körper auftretende Strahlen reflektiert oder transmittiert werden. Die Summe von Absorptionsgrad, Transmissionsgrad, Reflektionsgrad ist immer Eins.

Das Kirchhoffsche Strahlungsgesetz beschreibt den Zusammenhang zwischen Absorption und Emission eines Körpers im thermischen Gleichgewicht. Danach ist der Emissionsgrad eines Körpers gleich dem Absorptionsgrad. Entsprechend gilt für den hypothetisch idealen Schwarzen Körper auch, dass er jede elektromagnetische Strahlung jeder Wellenlänge absorbiert, während reale Körper immer einen Teil reflektieren oder durchlassen.

Da jeder reale Körper Wärmestrahlung über die Oberfläche sowohl emittiert als auch absorbiert, kommt es sowohl zu einer Wärmeübertragung von kalt nach warm als auch zu einer Wärmeübertragung von warm nach kalt. Der resultierende Wärmestrom geht immer von der Oberfläche des wärmeren Körpers aus. Mit der Zeit gleichen sich die Temperaturen beider Körper an.

Der von einem Körper abgestrahlte Wärmestrom bzw. die Strahlungsleitung $\dot{Q}$ wird über das Stefan-Boltzmann-Gesetz beschreiben:

$$\dot{Q} = \varepsilon \cdot \sigma \cdot A \cdot T^4 \qquad \text{Gl. 3.12}$$

Dabei ist σ die sogenannte Stefan-Boltzmann-Konstante. Der abgestrahlte Wärmestrom ist vom Emissionsgrad ε, von der Oberfläche A sowie von der vierten Potenz der absoluten Temperatur T abhängig. Da der wärmere Körper gleichzeitig auch Strahlung vom kälteren Körper absorbiert, ist oft der resultierende Wärmestrom von Bedeutung:

$$\dot{Q} = \frac{\sigma \cdot (T_1^4 - T_2^4)}{\dfrac{1 - \varepsilon_1}{A_1 \cdot \varepsilon_1} + \dfrac{1}{A_1 \cdot F_{12}} + \dfrac{1 - \varepsilon_2}{A_2 \cdot \varepsilon_2}} \qquad \text{Gl. 3.13}$$

Dabei sind ε_1, A_1 und T_1 Emissionsgrad, Oberfläche und Temperatur des wärmeren Körpers, die mit 2 indizierten Werte die des kälteren Körpers. Der sogenannte Sichtfaktor F_{12} beschreibt dabei den aus den geometrischen Verhältnissen resultierenden und für den Strahlungsaustausch relevanten Flächenanteil. Ist der abstrahlende Körper von einem sehr viel größeren Körper umgebenen (z. B. von der Umgebungsluft), so vereinfacht sich der resultierende Wärmestrom zu:

$$\dot{Q} = \varepsilon_1 \cdot \sigma \cdot A_1 \cdot (T_1^4 - T_2^4) \qquad \text{Gl. 3.14}$$

4 Fahrversuche

Im Rahmen der Arbeit wird ein Analyse- und Prognosewerkzeug erarbeitet, das – auf Basis realer Fahrversuche und Rollwiderstandsmessungen auf der Straße – abhängig von individuellen oder repräsentativen Fahr- und Streckenprofilen sowie Beladungssituationen die tatsächlichen Verbräuche unterschiedlicher Maßnahmen am Fahrzeug oder unterschiedlicher Reifen bewertet.

Entsprechend der Zielsetzung liegt ein Schwerpunkt der Untersuchungen auf einem groß angelegten Feldversuch im realen Güterfernverkehr sowie auf Rollwiderstandsmessungen auf echten Fahrbahnen im öffentlichen Verkehrsnetz.

4.1 Messkonzept

Die Messung von Rollwiderstand auf realen Fahrbahnen ist nur mit erheblichem messtechnischem Aufwand möglich. Es muss ein Spezialmessfahrzeug eingesetzt werden, das einen integrierten Reifenprüfstand für Nutzfahrzeugreifen beinhaltet. Deutschlandweit sind nur drei entsprechende Fahrzeuge bekannt [2, 11, 69], von denen nur zwei frei am Markt verfügbar sind. Diese Spezialmessfahrzeuge sind nicht geeignet, um sie im Rahmen eines groß angelegten Feldversuches unter Realbedingungen im Alltag eines Transportunternehmens einzusetzen. Sie verfügen insbesondere nicht über die entsprechenden Ladekapazitäten und unterscheiden sich aufgrund der Fokussierung auf die Spezialmessaufgabe auch sonst erheblich von typischen Fernverkehrszügen. Sie müssen von Spezialisten bedient werden. Die empfindliche Messtechnik ist nicht für den autarken Messbetrieb über tausende von Kilometern konzipiert.

Auf der anderen Seite erzwingt die Forderung nach realen und möglichst repräsentativen Einsatzszenarien ein großangelegtes Monitoring von tatsächlichen Fernverkehrszügen im Speditionsalltag. Die Messungen müssen ohne Beeinflussung von Betriebsabläufen möglich sein. Die entsprechende Mess-

© Springer Fachmedien Wiesbaden GmbH, ein Teil von Springer Nature 2018
J. Neubeck, *Thermisches Nutzfahrzeugreifenmodell zur Prädiktion realer Rollwiderstände*, Wissenschaftliche Reihe Fahrzeugtechnik Universität Stuttgart, https://doi.org/10.1007/978-3-658-21541-5_4

technik muss robust und autark ausgelegt sein und darf die Ladekapazität nicht einschränken.

Unter Berücksichtigung dieser Aspekte wurden die Fahrversuche zweigeteilt:

■   In einen groß angelegten Feldversuch im realen Güterfernverkehr wurde eine umfangreiche Datenbasis aller auftretenden Betriebs- und Umgebungsbedingungen und der daraus resultierenden Reifentemperaturverläufe geschaffen. Dazu wurden in mehreren Transportunternehmen Zugfahrzeuge und Sattelauflieger messtechnisch ausgerüstet, die dann im typischen Güterkraftverkehrsalltag auf unterschiedlichen Strecken innerhalb Deutschlands und zu unterschiedlichen Jahreszeiten im Fernverkehr eingesetzt werden und sämtliche relevanten Informationen speichern, siehe Kap. 4.2.

■   Mit einem Spezialmessfahrzeug wurden Rollwiderstandsmessungen auf echten Fahrbahnen des öffentlichen Straßennetzes durchgeführt. Dabei wurde eine Datenbasis generiert, die den Rollwiderstand unter Berücksichtigung der Vielfalt von Betriebs- und Umgebungsbedingungen situationsbezogen und praxisnah dokumentiert. Dabei interessiert neben stationären Zuständen im thermischen Gleichgewicht unter definierten Betriebsbedingungen insbesondere das transiente Rollwiderstandsverhalten der Reifen in Aufwärm- und Abkühlphasen sowohl bei konstanten als auch bei wechselnden Umgebungsbedingungen, siehe Kap. 4.3.

Die Zusammenführung der Ergebnisse beider Versuchsreihen erfolgt im Rahmen der Modellierung. Die Details zum korrespondierenden Konzept und Modellierungsansatz enthält Kap. 5.1. Es wurde ein thermisches Rollwiderstandsmodell entwickelt. Auf Basis der Ergebnisse aus den Feldversuchen im realen Güterfernverkehr wurde zunächst ein Reifenmodellmodul entwickelt, das in Abhängigkeit der zeitlich variablen Betriebsparameter und Einflussgrößen aus dem realen Fahrbetrieb das reale transiente thermische Reifenverhalten abbildet, siehe Kap. 5.2. In einem zweiten Modul erfolgt dann die Übertragung des transienten thermischen Reifenverhaltens auf den transienten Rollwiderstandsverlauf, siehe Kap. 5.3. So wird eine Prädiktion der realen zeitlichen Entwicklung des Rollwiderstandes für unterschiedliche Fahr- und Streckenprofile sowie Beladungssituationen und Umgebungsbedingungen möglich.

Um die Ergebnisse aus beiden Versuchsreihen sinnvoll zusammenführen zu können, wurden für die individuellen Messkonzepte gewisse Voraussetzungen und Rahmenbedingungen definiert.

- Verwendung der gleichen Reifen. Die eingesetzten Reifen wurden direkt von der Reifenindustrie zur Verfügung gestellt. Es wurde sorgfältig darauf geachtet, dass alle Reifen des gleichen Typs auch aus derselben Charge stammen. Die Reifen waren neu und wurden gleichmäßig eingefahren.

- Die Feldversuche bei den einzelnen Speditionen wurden zeitlich und organisatorisch so aufeinander abgestimmt, dass die jeweiligen Fahrten mit denselben Reifensätzen erfolgten (sofern technisch möglich).

- Die Feldversuche bei den einzelnen Speditionen wurden zeitlich und organisatorisch so aufeinander abgestimmt, dass ein möglichst großes Spektrum an Umgebungsbedingungen und Streckenprofilen abgedeckt wurde.

- Die Rollwiderstandsmessungen mit dem Spezialmessfahrzeug erfolgten zeitlich parallel, um ein ähnliches Spektrum an Umgebungsbedingungen zu erzielen. So wurde jeweils mit einem anderen Reifen aus der derselben Charge gemessen. Zu ausgewählten Betriebspunkten wurde der Rollwiderstandsverlauf vom kalten Reifen (Umgebungstemperatur) bis ins thermische Gleichgewicht vermessen. Es wurde überwiegend auf demselben Streckenabschnitt gemessen.

- Wesentliche Messgrößen, insbesondere die wichtigen Einflussgrößen auf den Rollwiderstand, wurden in beiden Versuchsreihen einheitlich bestimmt. Zusätzliche versuchsindividuelle Messgrößen ergänzen die Datenbasis und können über den Modellabgleich zusammengeführt werden. Die Details zu den jeweiligen messtechnischen Konzepten und den Messgrößen werden in den entsprechen Abschnitten erläutert, siehe Kap. 4.2 und 4.3.

Einige Reifen wurden parallel durch die Reifenindustrie auf einem Reifenprüfstand entsprechend der standardisierten Prüfprozedur ISO 28580 [46] vermessen, um für einen Betriebspunkt einen Referenz-Rollwiderstand im thermischen Gleichgewicht zu haben. Die Untersuchungen wurden mit folgenden Reifen durchgeführt:

■   Continental EcoPlusHT3 385/65 R22.5 (Trailerachsreifen)

■   Continental EcoPlusHT3 385/55 R22.5 (Trailerachsreifen)

■   Michelin X-Line EnergyZ 315/70 R22.5 (Lenkachsreifen)

■   Michelin X-Line EnergyD 315/70 R22.5 (Antriebsachsreifen)

Die größten Versuchsumfänge betreffen den erstgenannten Trailerachsreifen. Entsprechend beziehen sich die im Rahmen dieser Arbeit gezeigten Ergebnisse immer auf diesen Reifen, sofern nicht explizit ein anderer Reifentyp genannt ist.

4.2   Feldversuche im Güterfernverkehr

Die Feldversuche im Güterfernverkehr wurden mit vier in Deutschland ansässigen Speditionen aus unterschiedlichen Regionen durchgeführt. Die einzelnen Speditionen erbringen unterschiedliche Transportaufgaben auf verschiedenen Routen. Die Aufteilung der Messkampagne auf mehrere Speditionen bezweckte, ein möglichst breites Spektrum an unterschiedlichen Fahr- und Streckenprofilen und Beladungssituationen zu erhalten.

Aus dem Fuhrpark der Speditionen wurden gängige Fernverkehrsfahrzeuge ausgewählt. Es handelt sich jeweils um einen Standard-Fernverkehrslastzug mit 4x2-Sattelzugmaschine. Der Auflieger wurde entsprechend den gegebenen Fuhrparkmöglichkeiten und geplanten Transportaufgaben gewählt. Es wurde darauf geachtet, dass Zugmaschine und Auflieger über einen Großteil der Messkampagnendauer miteinander verbunden bleiben. Es wurde darüber hinaus darauf geachtet, dass sich ein für die jeweilige Spedition typische Zugkonfiguration ergibt, die die für die jeweilige Spedition typischen Transportaufgaben erbringt. Informationen zu den eingesetzten Fernverkehrszügen hinsichtlich Fahrzeugkonfiguration und Bereifung sowie zur geografischen Lage der Speditionsbetriebe finden sich in Anhang A1.

Um ein breites Spektrum an unterschiedlichen Umgebungsbedingungen abzudecken, wurden die Messkampagnen auf unterschiedliche Jahreszeiten aufgeteilt.

4.2.1 Messtechnische Ausrüstung

Die für die Messkampagne eingesetzten Zugfahrzeuge und Auflieger wurden im Vorfeld gemeinsam mit den Speditionen spezifiziert und einzeln identifiziert. Mit den einzelnen Fahrzeugidentifikationsnummern konnten dann zusammen mit den Fahrzeugherstellern und Zulieferern die verbauten Systeme und Bauteilvarianten identifiziert und teils nachgerüstet werden. Die Nachrüstungen betrafen im Wesentlichen die Luftfedersysteme an der Hinterachse der Zugmaschine.

Der Fokus der Messungen lag auf der Erfassung der auftretenden Betriebs- und Umgebungsbedingungen und der daraus resultierenden Reifentemperaturverläufe. Hierzu wurde ein am FKFS speziell für Flottenversuche entwickeltes modulares Messsystem eingesetzt, [33]. Die Herausforderung dabei war, eine möglichst vollständig Datenbasis bei möglichst einfacher Applikation an die Fahrzeuge zu gewährleisten, um den Alltagsbetrieb der Speditionen durch Ein- und Ausbau der Messtechnik nicht unnötig zu behindern.

Auch während der Feldversuche sollte die Messtechnik weder die Betriebsabläufe beeinflussen noch Eingriffe des Fahrers erfordern. So wurde die Messtechnik dahingehend konzipiert, dass die Datenerfassung automatisch mit Aktivierung der Zündung des Zugfahrzeuges startet, ohne Bedien- und Überwachungsaufgaben autark arbeitet und beim Abschalten des Fahrzeuges noch einige Minuten aktiv bleibt, um zumindest ansatzweise das Abkühlverhalten der Reifen zu erfassen. Die sensorischen Größen von Zugmaschine und Auflieger wurden separat im jeweiligen Fahrzeugteil erfasst, um bei im Betrieb eventuell notwendiger Trennung von Auflieger und Zugmaschine keine zusätzlichen Datenleitungen etc. trennen zu müssen. Die Synchronisierung der parallelen Datensätze erfolgte über GPS-Zeitstempel, die von beiden Messsystemen erfasst und gespeichert wurden. Die Speicherkapazität wurde so ausgelegt, dass ein ca. zweiwöchiger autarker Fahrbetrieb möglich war.

Sofern möglich und verfügbar, wurde auf die fahrzeugintern vorhandenen Sensoren und Information zurückgegriffen. Mit Unterstützung der Fahrzeughersteller und Zulieferer der verbauten Systeme wurden fahrzeugspezifische Zugriffsmöglichkeiten zu den entsprechenden Bussytemen geschaffen, um fahrzeugeigene Sensorgrößen, Betriebszustände etc. zu erfassen.

Zusätzliche Sensoren wurden im Wesentlichen nur für die Erfassung der Temperaturen und Drücke der einzelnen Reifen verbaut. Die den Speditionen zur Verfügung gestellten Räder wurden vorher mit einer nachrüstbaren Reifenfülldruck- und Reifeninnentemperaturüberwachung eines Reifenherstellers ausgestattet, siehe [56]. Die zentrale Empfangs- und Steuerungseinheit wurde fahrzeugseitig verbaut und mit der Messtechnik zur Datenerfassung verknüpft.

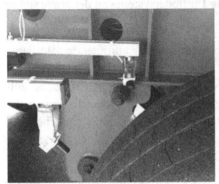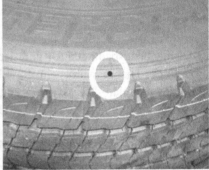

Abbildung 4.1:   Einbausituation der Infrarotsensoren für Reifenlauffläche und Reifenschulter

Über berührungslose Infrarotsensoren wurde an nahezu allen Reifen die Laufflächentemperatur und Schultertemperatur erfasst. Nur an den jeweils äußeren Rädern der Zwillingsbereifung der Antriebachse könnten keine Infrarotsensoren verbaut werden. Abbildung 4.1 zeigt die Einbausituation der Infrarotsensoren und den anvisierten Messbereich auf der Reifenschulter. Der anvisierte Messbereich der Lauffläche liegt im Profilgrund einer Profilrille. Es wurde eine Optik verwendet, die sich mit zunehmendem Abstand nur gering aufweitet. So ist der Messfleckdurchmesser vergleichsweise klein, so dass zuverlässig der Profilgrund erfasst wird. Auch können so der Einfluss leicht unterschiedlicher Einbausituationen sowie der Einfluss beim Ein- und Ausfedern des Rades auf die Messgröße vernachlässigbar klein gehalten werden.

Eine für den Rollwiderstand relevante Reifentemperatur ist die im Übergangsbereich von Reifenprofil zu Schulter. Dort an der Gürtelkante wird viel Walkarbeit verrichtet, siehe Abbildung 3.4. Auf ins Reifenprofil einvulkanisierte Thermoelemente wurde im Zuge der Feldversuche verzichtet, weil diese unter dem Einfluss der ständigen Walkbewegungen erfahrungsgemäß meist nach wenigen hundert Kilometern Fahrstrecke versagen und somit nicht für einen großangelegten Feldversuch geeignet sind.

Neben Temperaturen und Fahrgeschwindigkeit ist die Radlast eine wesentliche Einflussgröße auf den Rollwiderstand. Luftfederdrücke ermöglichen eine Achslastbestimmung. Die Luftfederdrücke im Achsaggregat der Auflieger sind über den jeweiligen Systembus der Bremsanlage des Aufliegers verfügbar. Über eine spezielle Freischaltung der Signale konnte darauf zugegriffen werden. Die Sattelzugmaschinen wurden teilweise mit Luftfedersystemen oder Luftfedersystemkomponenten nachgerüstet, um entsprechende Informationen auch für die Antriebachse zu erhalten. Luftfedern an der Lenkachse von Sattelzugmaschinen sind unüblich und mit vertretbarem Aufwand nicht nachrüstbar. Die Achslast an der Lenkachse wird maßgeblich vom Zugfahrzeuggewicht bestimmt und wurde durch Wägung und/oder Herstellerangaben ermittelt. In Abhängigkeit der gemessenen Achslasten an der Antriebsachse kann die Achslast an der Lenkachse geschätzt werden. Über die verfügbaren Achslasten, bekannte Fahrzeugleergewichte sowie die vermessenen geometrischen Verhältnisse (Achsabstände, Lage des Königszapfens, Abmessungen der Ladefläche etc.) kann die Beladung hinsichtlich Gewicht und Schwerpunktslage hinreichend genau berechnet werden, [77]. Eine angehobene Liftachse am Auflieger und die daraus resultierende Achslastverlagerung wurden über den achsweisen Vergleich von Reifentemperaturen identifiziert.

Es wurden im Rahmen der Feldversuche im Güterfernverkehr insbesondere folgende Messgrößen erfasst:

■   Reifenoberflächentemperaturen aller Reifen (Infrarotsensoren für Reifenlauffläche und -schulter)

■   Reifenfülldruck und Reifeninnentemperatur aller Reifen

■   Fahrbahn- und Umgebungstemperatur

■   GPS-Informationen (Position, Geschwindigkeit, Datum und Uhrzeit)

■   Geschwindigkeit und Schlupfzustände (Fahrgeschwindigkeit, Raddrehzahlen)

■ Beladungszustand (Luftfederdruck Aufliegerachsaggregat, Luftfederdruck an der Antriebachse)

■ Fahrdynamische Größen (Gierrate, Quer- und Längsbeschleunigung,
Lenkwinkel)

■ Triebstranggrößen (Motormoment, Motordrehzahl, Getriebedrehzahlen

■ Bremssystemgrößen (Retardermoment, Bremspedalstellung)

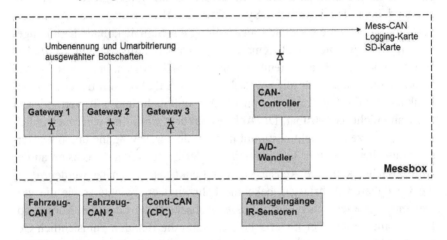

Abbildung 4.2:   Prinzipskizze des verwendeten modularen Messsystems

Abbildung 4.2 zeigt eine Prinzipskizze des verwendeten modularen Mess-
syteme zur Datenerfassung. Zugriff auf die fahrzeugspezifischen Bussysteme
und auf das Bussystem des Reifendruckkontrollsystems (CPC) erfolgte über
einzelne Gateways. Durch verschiedene hardware- und softwareseitige Maßnahmen wurde sichergestellt, dass hier ein ausschließlich lesender Zugriff
stattfinden kann. Analoge Signale werden digitalisiert. Sämtliche Signale
werden auf einem eigenen CAN-Bus gesammelt und auf eine SD-Karte
gespeichert. Nicht abgebildet ist die GPS-Erfassung. Die Datenerfassung
erfolgte signalgruppenindividuell mit bis zu 100 Hz. Für die ausgewählten
CAN-Botschaften von Zugmaschine und Auflieger wurden sämtliche Bot-
schaften mitgeschrieben, so dass insbesondere auch die fahrdynamischen
Größen und Schlupfzustände der Reifen in guter Auflösung vorliegen.

Im Vorfeld des Feldeinsatzes bei den Speditionen wurde testweise ein Fernverkehrszug komplett ausgerüstet. Das entsprechende Zugfahrzeug wurde von einem Fahrzeughersteller, der entsprechende Sattelauflieger von einem Aufliegerhersteller zur Verfügung gestellt. Hier wurden insbesondere das Zusammenspiel sämtlicher messtechnischer Komponenten, die Schnittstellen zu den Fahrzeug- und Aufliegerbussystemen, die mechanischen und elektrischen Adaptionen etc. exemplarisch umgesetzt und während Testfahrten hinsichtlich Plausibilität und Zuverlässigkeit getestet.

4.2.2 Auswertung

Im Rahmen dieses Teilkapitels soll ein Gesamtüberblick über die Feldversuche im Güterfernverkehr bei den Speditionen geschaffen werden. Die Fahrten werden statistisch ausgewertet. Der Fokus liegt dabei auf die den Rollwiderstand im Realbetrieb beeinflussenden Betriebs- und Umgebungsbedingungen. Die Nutzung der Daten zur Entwicklung eines thermischen Reifenmodells in Abhängigkeit der Betriebs- und Umgebungseinflüsse wird in Kap. 5.2 thematisiert.

Tabelle 4.1: Jahreszeitliche Zuordnung der Messfahrten bei den einzelnen Speditionen

	Spedition 1	Spedition 2	Spedition 3	Spedition 4
Frühling 2015	April 2015 bis Juni 2015			
Sommer 2015		Juli 2015 bis Sept. 2015		
Herbst 2015			Nov. 2015 bis Jan. 2016	
Winter 2015/16				
Frühling 2016				Juni 2016

Es war geplant, ein möglichst breites Spektrum an Umgebungsbedingungen abzudecken und entsprechend die Fahrten gleichmäßig auf die Jahreszeiten zu verteilen. Es war nicht ganz einfach, die entsprechenden Zeitfenster für Nachrüstung der Fahrzeuge, für Ein- und Ausbau der Messtechnik, für Montage und Demontage der Reifen, die Logistik des Reifentransports zwischen den Speditionen etc. in den Alltagsbetrieb der Speditionen einzuphasen. Die einzelnen Messzeiträume wurden lange im Voraus geplant und immer wieder kurzfristig an Dispositionsänderungen, freie Werkstattkapazitäten etc. angepasst. Insbesondere konnte nicht gezielt auf bestimmte Wetterbedingungen reagiert oder gewartet werden. Dennoch ist es gelungen, die Fahrten gut über das Jahr zu verteilen. Tabelle 4.1 zeigt eine Zuordnung, zu welchen Jahreszeiten die Messfahrten bei den einzelnen Speditionen stattgefunden haben.

Die gewählte Vorgehensweise, das messtechnische Konzept etc. haben sich bewährt. Es sind nahezu alle Fahrten komplett auswertbar. Lediglich bei einem Zeitraum im Januar kam es zu witterungsbedingten Verschmutzungen der radnah montierten optischen Temperatursensoren aufgrund von Gischt, Schneematsch, Streusalz etc. und daraus resultierenden unplausiblen Signalen. Aus diesem zu erwarteten Grund wurden die Zeiträume in den Wintermonaten Februar und März von vorn herein bei der Planung der Messkampagne ausgespart, weil mit potentiell schlechten Straßenbedingungen zu rechnen war.

Insgesamt wurden auf über 200 Fahrten ca. 46.000 km zurückgelegt. Es ergab sich ein breites Spektrum an Fahrten mit Distanzen zwischen 25 km und 825 km. Die gesamte Messzeit beträgt etwa 860 Stunden mit einzelnen Messzeiten zwischen 50 min und 13 Stunden. Abbildung 4.3 zeigt sämtliche gefahren Routen auf einer Deutschlandkarte. Ein Großteil der Strecken betrifft entsprechend der Fokussierung auf den Fernverkehr das Autobahnnetz.

Das untergeordnete Streckennetz ist mit einem streckenbezogenen Anteil von ca. 20 % enthalten, siehe Tabelle A.1 im Anhang. Einzelne Streckenabschnitte wurden mehrfach befahren, teils über zehnmal pro Fahrtrichtung, teils im Zuge wiederkehrender Transportaufgaben derselben Spedition zu ähnlichen Betriebs- und Umgebungsbedingen, teils im Zuge einer zufälligen Mehrfachbefahrung auf Hauptverkehrsrouten durch unterschiedliche Fernverkehrszüge. Einen speditionsspezifischen Überblick über die Fahrtrouten enthält Abbildung A.1 im Anhang.

Die Messfahrten werden über Häufigkeitsverteilungen statistisch ausgewertet. Die Häufigkeitsverteilung ist eine mathematische Funktion, die angibt, wie oft jeder vorkommende Wert bzw. Wertebereich in der Gesamtheit aller Werte bzw. Wertebereiche vorkommt. Die im Rahmen der folgenden

Auswertungen betrachteten Größen sind kontinuierlich und werden generell in diskrete Wertebereiche um einen Mittelwert unterteilt.

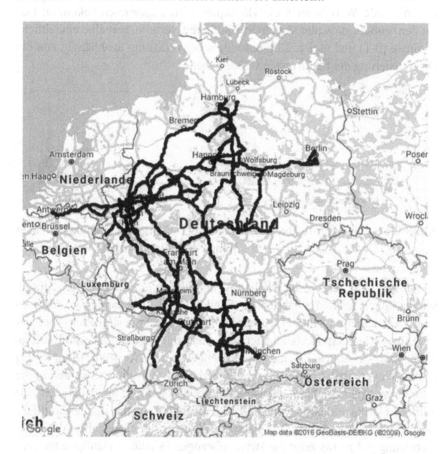

Abbildung 4.3: Deutschlandkarte mit Visualisierung aller Messfahrten im Rahmen der Feldversuche im Güterfernverkehr

Die absolute Anzahl, wie oft bestimmte Wertebereiche, z. B. der Fahrge-schwindigkeitsbereich um 50 km/h, in der Gesamtheit aller Messfahrten enthalten sind, ist wenig aussagekräftig. Diese Information ist abhängig von der Gesamtlänge der Fahrten und der zeitlicher Diskretisierung. Anstelle von absoluten Häufigkeiten werden oft relative Häufigkeiten verwendet, in dem z. B. jede absolute Häufigkeit durch die Gesamtheit aller Messwerte dividiert oder auf eine prozentuale Häufigkeit skaliert wird. Im Rahmen dieser Arbeit werden die Häufigkeitsverteilungen so skaliert, dass der in einer Auswertung dominierende Wertebereich die Häufigkeit Eins zugewiesen bekommt. Das hat den Vorteil, dass alle skalierten Häufigkeitsverteilungen eine einheitliche Ordinate [0-1] und gleichzeitig bestmögliche Auflösung unabhängig von der Diskretisierung der betrachteten Größe haben.

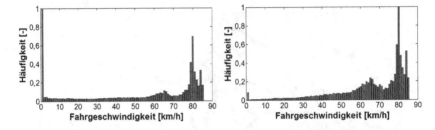

Abbildung 4.4:   Häufigkeitsverteilungen der Fahrgeschwindigkeiten aller Messfahrten im Rahmen der Feldversuche

Abbildung 4.4 zeigt zwei skalierte Häufigkeitsverteilungen der Fahrgeschwindigkeit aller Messfahrten. In Abbildung 4.4 links erfolgt die Auswertung der skalierten Häufigkeitsverteilung der Geschwindigkeiten über der jeweiligen Messzeit und beinhaltet auch Standzeiten zu Beginn und Ende, an Ampeln sowie im Stopp- und Go-Verkehr. Für die thermische Betrachtung des Reifenverhaltens sind auch diese Standzeiten relevant und werden in der messzeitbezogenen Häufigkeitsverteilung berücksichtigt. So ergibt sich eine mittlere Geschwindigkeit von 52 km/h. Bezogen auf die durchschnittliche Geschwindigkeit während der Fahrt verfälschen die Standzeiten das Bild. Abbildung 4.4 rechts zeigt die streckenbezogene skalierte Häufigkeitsverteilung der Geschwindigkeit aller Fahrten. Bei höheren Geschwindigkeiten werden größere Strecken und in Standphasen keine Strecken zurückgelegt. Entsprechend erfährt das Fahrzeug streckenbezogen eine höhere Durchschnittsgeschwindigkeit von 66 km/h und es ergibt sich eine zu höheren Geschwindigkeiten hin verschobene Häufigkeitsverteilung. Auch für energetische Betrachtungen ist eher die streckenbezogene Häufigkeitsverteilung relevant, da im Stand kein Rollwiderstand zu überwinden ist. Aus Abbildung 4.4 wird ersichtlich, dass auch im von Autobahnfahrten dominierten Güterfernverkehr nennenswerte Zeit- und Streckenanteile mit Geschwindigkeiten unterhalb von 80 km/h zurückgelegt werden.

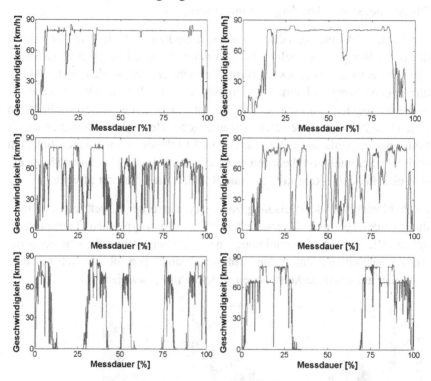

Abbildung 4.5: Exemplarische Geschwindigkeitsverläufe aus den Feldversuchen im Güterfernverkehr

Eine speditionsspezifische Auswertung der streckenbezogenen Geschwindigkeitsprofile zeigt die im Zuge der Planungen angestrebte Bandbreite, siehe Abbildung A.2 im Anhang. So fährt zum Beispiel Spedition 2 einen nächtlichen Regelverkehr mit hohen Autobahnanteilen. Entsprechend dominieren die Bereiche um die zulässige Höchstgeschwindigkeit. Bei Spedition 3 dagegen dominiert bei einer streckenbezogenen Durchschnittsgeschwindigkeit von nur 62,3 km/h der mittlere Geschwindigkeitsbereich. Im Fahrprofil finden sich hohe Anteile von Land- und Bundesstraßen sowie Fahrten im urbanen Umfeld einer Großstadt. Speditionen 1 und 4 zeigen qualitativ ähnliche Geschwindigkeitsprofile. Sie repräsentieren den Speditionsalltag auf deutschen Autobahnen vermutlich am besten, da beide Speditionen überregional unterwegs waren und das Autobahnnetz vergleichsweise großflächig abgefahren sind, siehe Abbildung A.1 im Anhang.

Die Bandbreite unterschiedlicher Geschwindigkeitsverläufe wird auch durch die Betrachtung der einzelnen Fahrten deutlich. Abbildung 4.5 zeigt exemplarisch sechs der über zweihundert Messfahrten. Die beiden in der Abbildung oben gezeigten Fahrten zeigen hohe Konstantfahrtanteile, während die mittleren beiden Fahrten durch häufig variierende Geschwindigkeiten gekennzeichnet sind. Die beiden unten abgebildeten Fahrten enthalten speditionstypische Stillstandszeiten für Be- und Entladevorgänge, unten links ein typischer Sammelgutverkehr mit mehreren Zwischenstopps, unten rechts ein typischer Pendelverkehr mit Hin- und Rückfahrt auf gleicher Strecke.

Auch hinsichtlich der Beladung zeigt sich ein breites Spektrum an Beladungssituationen und unterschiedlichen speditionstypischen Transportaufgaben. Die Häufigkeitsverteilungen der Beladung zeigen keinen nennenswerten qualitativen Unterschied abhängig von davon, ob sie sich auf eine zeit- oder auf eine streckenbezogenen Betrachtung beziehen.

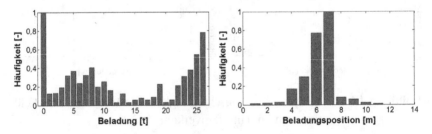

Abbildung 4.6:   Häufigkeitsverteilungen der Beladung (links) sowie der Beladungsschwerpunktsposition (rechts)

Abbildung 4.6 links zeigt die skalierte Häufigkeitsverteilung des Beladungsgewichts über alle Fahrten des Feldversuchs im Güterfernverkehr. Es zeigt sich das erhoffte breite Spektrum an typischen Beladungssituationen. Eine speditionsspezifische Auswertung der Beladung zeigt Abbildung A.3 im Anhang. Hier sticht Spedition 3 mit dem Siloauflieger heraus. Das Fahrzeug fährt typisch für einen Pendelverkehr auf der Hinfahrt voll beladen auf der Rückfahrt leer. Spedition 2 fährt einen nächtlichen Regelverkehr und ist dabei mit durchschnittlich 6,3 t Beladung nie maximal beladen. Bei Spedition 1 und 4 zeigt sich jeweils ein breites Spektrum unterschiedlicher Beladungssituationen. In Abbildung 4.6 rechts ist die skalierte Häufigkeitsverteilung der resultierenden Position des Beladungsschwerpunkts, gemessen ab der vorderen Laderaumbegrenzung (z. B. Stirnwand), aufgetragen. Bei genauerer Auswertung der Beladungsposition lassen sich auch speditionsspezifische Beladungsstrategien identifizieren. So platziert eine Spedition bei Teilbeladung das Gewicht tendenziell über dem Aufliegerachsaggregat, während andere die Beladung eher bündig zur vorderen Aufliegerstirnwand positionieren (ohne Abbildung). Auch diese Ergebnisse untermauern die breite Abdeckung typischer Fernverkehrstransportsituationen durch die Feldversuche. Das Gesamtgewicht der Beladung sowie die resultierende Beladungsschwerpunktsposition wurden unter Berücksichtigung der fahrzeugindividuellen geometrischen Verhältnisse (Radstände, Position von Königzapfen und Laderaumbegrenzungen etc.), den Fahrzeugleergewichten sowie den im Betrieb gemessen Achslasten an der Antriebsachse sowie am Aufliegerachsaggregat bestimmt.

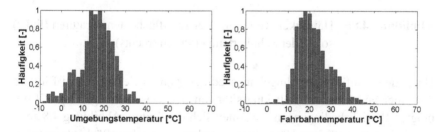

Abbildung 4.7: Häufigkeitsverteilung der Umgebungstemperaturen (links) sowie der Fahrbahntemperaturen (rechts)

Neben Geschwindigkeit und Beladung sind die Temperaturen eine weitere wichtige Einflussgröße auf den Rollwiderstand. Alle Temperaturen wurden fortlaufend im Fahrzeug gemessen und spiegeln die tatsächlichen transienten Umgebungs- und Betriebsbedingungen wider. Abbildung 4.7 zeigt die skalierte Häufigkeitsverteilung der gemessenen Umgebungs- (links) und Fahrbahntemperaturen (rechts). Einzelauswertungen haben gezeigt, dass die Fahrbahn- und Umgebungstemperaturen oft miteinander korrelieren. Dabei ist zu berücksichtigen, dass auswertbare Fahrbahntemperaturen um den Ge-

frierpunkt aufgrund der durch die winterlichen Straßenverhältnisse bedingten
Sensorverschmutzungen fehlen, siehe Abbildung 4.7 rechts. Verglichen mit
der Umgebungstemperatur ist die Fahrbahnoberfläche im Sommer tendenziell etwas wärmer. Eine große Spreizung von Fahrbahn- und Umgebungstemperatur konnte aus den Messdaten nicht herausgefiltert werden. Einflussfaktoren, wie Niederschlag, Wasserfilmhöhe, Sonneneinstrahlung, wurden
nicht separat erfasst. Letztlich spiegeln beide Temperaturen gemeinsam die
klimatische Umgebungssituation wider. Die Verteilung der Fahrten auf die
unterschiedlichen Jahreszeiten (siehe Tabelle 4.1) ergab eine mittlere Umgebungstemperatur von ca. 18 °C.

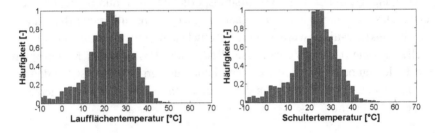

Abbildung 4.8:   Häufigkeitsverteilung der Läufflächentemperaturen (links)
sowie der Schultertemperaturen (rechts)

Unter dem Einfluss der Umgebungsbedingungen sowie unter dem Einfluss
der unter anderem von Beladungssituation und Geschwindigkeitsprofil ge-
prägten Betriebsbedingungen erwärmen sich die Reifen. Abbildung 4.8 zeigt
die skalierten zeitlichen Häufigkeitsverteilungen der Laufflächentemperatu-
ren (links) und Schultertemperaturen (rechts) über alle Fahrten des Feldversuchs im Güterfernverkehr.

Abbildung 4.9 zeigt die skalierten Häufigkeitsverteilungen von Reifeninnentemperatur (links) und Reifeninnendruck (rechts). Ausgewertet wurde über
alle Messfahrten. Enthalten sind jeweils auch die Standzeiten. Beide Abbil-
dungen beziehen sich auf die Trailerachsreifen. Um den Einfluss einer situa-
tionsabhängig angehobenen Liftachse zu eliminieren, wurden für diese Auswertung nur die hinteren vier Räder der Hinterachsaggregate betrachtet.
Separate Auswertungen haben gezeigt, dass sich die einzelnen Räder am
Hinterachsaggregat in ihrem transienten Druck- und Temperaturverläufen
sehr ähnlich verhalten. Es ergibt sich eine mittlere Laufflächentemperatur

von 24 °C. Die Schulter ist im Mittel etwa 2 °C kühler. Die Luft im Reifeninneren erwärmt sich im Mittel auf 32 °C und liegt damit durchschnittlich etwa 14 °C über der Umgebungstemperatur.

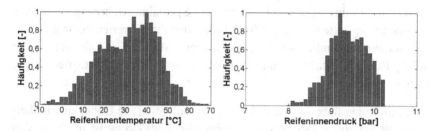

Abbildung 4.9: Häufigkeitsverteilung der Reifeninnentemperaturen (links) sowie des Reifeninnendrucks (rechts)

Der eingestellte Kaltfülldruck für den Trailerachsreifen liegt bei 9 bar. Der Reifeninnendruck nimmt abhängig von der Innentemperatur Werte zwischen 8 und 10,3 bar an. Druck- und Temperaturverläufe werden anhand konkreter Beispiele in Kap. 4.3.2 und Kap. 5.2.4 diskutiert.

Auch wenn der – für ein Forschungsvorhaben großangelegte – Feldversuch bezogen auf das gesamtdeutsche jährliche Transportvolumen nicht repräsentativ ist, so gibt er doch einen sehr guten Einblick in reale Betriebs- und Umgebungsbedingungen im deutschen Güterfernverkehr. Die Daten lassen sich hinsichtlich vieler interessanter Aspekte analysieren. Es können teilstreckenbezogenene, fahrzeug- oder geschwindigkeits-profilspezifische Analysen erfolgen. Es können transportaufgaben- oder speditionsspezifische Aussagen abgeleitet werden oder generische realitätsnahe Geschwindigkeits- und Beladungsprofile u. v. m. generiert werden. Exemplarische Ergebnisse werden in Kap. 6 diskutiert.

Jede einzelne Fahrt wurde zu Dokumentationszwecken hinsichtlich wichtiger Hauptmerkmale wie Strecke, Beladungszustand, Umgebungsbedingungen, Geschwindigkeitshistogramme etc. klassifiziert. Relevante Daten wurden in einem einseitigen, über Auswertungsskripte automatisch generierten Datenblatt verdichtet, sodass auch für zukünftige Nutzung der Daten eine komfortable Schnellübersicht verfügbar ist.

4.3 Rollwiderstandsmessung auf der Straße

Die Rollwiderstandsmessungen auf der Straße wurden von der IPW automotive GmbH durchgeführt. Es wurde ein Spezialmessfahrzeug eingesetzt, das einen integrierten Reifenprüfstand für Nutzfahrzeugreifen beinhaltet. Die IPW automotive GmbH nennt dieses Fahrzeug Mobile Tire Lab (MTL). Der mobile Reifenprüfstand ist mittig in einen Sattelauflieger integriert, siehe Abbildung 4.10.

Die Radführung über das Messobjekt ist als luftgefederte Doppelquerlenkerachse mit variablem Dämpfer ausgeführt. Die Radführung ist in einen über Führungsschienen gelagerten Schlitten integriert, der sich gegenüber dem Aufliegeraufbau in Vertikalrichtung frei bewegen kann.

Abbildung 4.10: Spezialmessfahrzeug „Mobile Tire Lab", [11]

Dieser Schlitten wird mit Gewichten beladen, so dass sich die gewünschte statische Radlast am zu vermessenden Reifen ergibt. Rad und Schlitten bilden einen über die Straßenunebenheiten angeregten vertikaldynamischen Zweimassenschwinger, siehe Abbildung 4.11. Entgegen der Situation auf gängigen Reifenprüfständen ergibt sich bei Abrollen über der realen Fahrbahnoberfläche eine realitätstypische Radlastdynamik.

Der zu vermessende Reifen wird über eine Standardfelge mit einer in die Radführung integrierten, hochpräzisen Messnabe der Firma Kistler verbunden. Die Messnabe ist eine für Rollwiderstandsmessungen optimierte Ausführung, die auch bei stationären Rollwiderstandsprüfständen eingesetzt wird. Zentrale Messelemente sind am Stator radial angeordnete und auf DMS-Technologie basierende Kraftmessdosen. Die für die Bestimmung des

Rollwiderstands relevante Längskraft sowie die Normalkraft werden in der Messnabe gemessen.

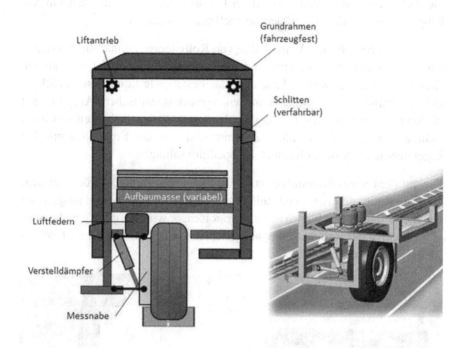

Abbildung 4.11: Prinzipieller Aufbau des in das Spezialmessfahrzeug „Mobile Tire Lab" integrierten Reifenprüfstands, [11, 12]

In der Längskraftkomponente sind messsystembedingt auch Trägheitskräfte aus Brems- und Beschleunigungsvorgängen enthalten. Weiterhin enthalten sind übersprechende Gewichtskraftanteile beim Befahren von Steigungen und Gefällen sowie Längskräfte aus aerodynamischer Anströmung des Rades. Die Beschleunigungs- und Steigungsanteile können gemessen und kompensiert werden. Der Einfluss der Aerodynamik wird durch eine Subtraktionsmethode bestmöglich kompensiert, indem Vergleichsfahrten mit möglichst geringer Radlast durchgeführt werden. Zu weiteren Details des verwendeten Spezialfahrzeugs siehe [11].

4.3.1 Messtechnische Ausrüstung

Der Fokus der Messungen liegt auf der Erfassung des Rollwiderstands in Abhängigkeit seiner Einflussgrößen, speziell der Temperatur.

Da das Fahrzeug für die Vermessung von Rollwiderstand und die Erfassung der Einflussfaktoren konzipiert und messtechnisch ausgerüstet war, konnte für die Versuche in weiten Teilen auf das bestehende Equipment zurückgegriffen werden. Die vorgenommenen versuchsspezifischen Anpassungen zielten in erster Linie auf die Vergleichbarkeit und Übertragbarkeit sowie die spätere reifenmodellunterstützte Zusammenführung der Ergebnisse mit den Ergebnissen aus dem Feldversuch im Speditionsalltag.

Die auf dem Spezialmessfahrzeug zu vermessenden Reifen wurden mit dem gleichen Reifenfülldruck- und Reifeninnentemperaturmesssystem ausgerüstet wie die Reifen im Feldversuch. Ein Infrarotsensor wurde auf die gleiche Stelle im Bereich der Reifenschulter ausgerichtet wie bei den Reifen im Feldversuch, siehe Abbildung 4.1.

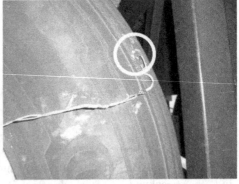

Abbildung 4.12: Thermoelemente, einvulkanisiert im Bereich der Gürtelkante, verteilt über den Reifenumfang, [12]

Zusätzlich wurden die zu vermessenden Reifen im Bereich der Gürtelkante mit ins Reifenmaterial eingebrachten Thermoelementen ausgestattet. Im Bereich der Gürtelkante wird viel Walkarbeit verrichtet. Entsprechend ist diese Reifentemperatur interessant und für den Rollwiderstand relevant. Pro Reifen wurden drei bis vier Thermoelemente verteilt über den Umfang einvulkanisiert, siehe Abbildung 4.12. Zusätzlich zu der Oberflächentemperatur an der Schulter und der Reifeninnentemperatur stehen somit auch Temperaturen im Reifengummi zur Verfügung.

Im Rahmen der Rollwiderstandsmessungen auf der Straße wurden insbesondere folgende Messgrößen erfasst:

- Längskraft und Radlast (Messnabe)

- Reifenoberflächentemperatur im Bereich der Reifenschulter

- Reifenfülldruck und Reifeninnentemperatur

- Gürtelkantentemperatur (teilweise)

- Fahrbahn- und Umgebungstemperatur

- GPS-Position

- Fahrgeschwindigkeit, Beschleunigung

Das Zugfahrzeug des Spezialmessfahrzeuges wurde mit den gleichen Reifen ausgerüstet, die auch auf den Zugfahrzeugen der Speditionen montiert waren:

- Lenkachse: Michelin X-Line EnergyZ 315/70 R22.5

- Antriebsachse: Michelin X-Line EnergyD 315/70 R22.5

Hier wurden während den Messfahrten jeweils

- Reifenoberflächentemperatur im Bereich der Reifenschulter

- Reifenfülldruck und Reifeninnentemperatur

erfasst.

Zu den Rollwiderstands- und Temperaturverläufen des jeweiligen Testreifens auf dem mobilen Reifenprüfstand sind somit zusätzlich zu den entsprechenden Umgebungsbedingungen korrelierende Temperaturverläufe von Lenk- und Antriebsachreifen des Zugfahrzeuges vorhanden.

4.3.2 Messprogramm und Ergebnisüberblick

Es wurden Rollwiderstandsmessungen bei sturz- und vorspurfreiem Gerade-
auslauf auf echten Fahrbahnen durchgeführt. Dabei interessiert neben stationären Zuständen im thermischen Gleichgewicht insbesondere auch das Rollwiderstandsverhalten der Reifen in Aufwärm- und Abkühlphasen.

Die im Rahmen dieser Untersuchungen verfügbaren Messumfänge wurden
unterteilt in Messungen auf öffentlicher Straße sowie Messungen auf einem
Testgelände in Klettwitz.

Die Messungen auf öffentlicher Straße fanden auf einem Streckenabschnitt
der A7 und A27 zwischen Isernhagen nördlich von Hannover und Achim-
Ost südöstlich von Bremen statt.

Eine Messung aus Hin- und Rückfahrt erstreckt sich über ca. 190 km. Bei der
Zielgeschwindigkeit von 80 km mitschwimmend im fließenden Verkehr ergibt sich ein Messzeitraum von ca. 2,5 Stunden. Gemessen wurde jeweils bei
einer Radlast von ca. 85 % der maximalen Tragfähigkeit des Reifens und
Fülldruckbedingungen entsprechend der reifenspezifischen Vorgabe für die
maximale Tragfähigkeit. Diese Bedingungen entsprechen den Normvorgaben
für die Rollwiderstandsbestimmung nach ISO 28580, siehe [46].

Messprogramm Autobahn A7/A27 (Fahrten Nr. 1 bis Nr. 8):

■ Continental EcoPlusHT3 385/65 R22.5 (Trailerachsreifen)
   • Radlast 3800 kg, Kaltfülldruck 9,0 bar
   • 6 Fahrten zu unterschiedlichen Umgebungstemperaturen

■ Michelin X-Line EnergyZ 315/70 R22.5 (Lenkachsreifen)
   • Radlast 3570 kg, Kaltfülldruck 9,0 bar
   • 1 Fahrt

■ Michelin X-Line EnergyD 315/70 R22.5 (Antriebsachsreifen)
   • Radlast 2500 kg, Kaltfülldruck 8,0 bar
   • 1 Fahrt

Abbildung 4.13 zeigt exemplarisch die Zeitverläufe relevanter Signale einer
Messung des Trailerachsreifens mit dem Spezialmessfahrzeug auf der

Autobahn bei Hin- und Rückfahrt mit konstanter Fahrgeschwindigkeit, siehe Geschwindigkeitsverlauf im unteren Zeitschrieb.

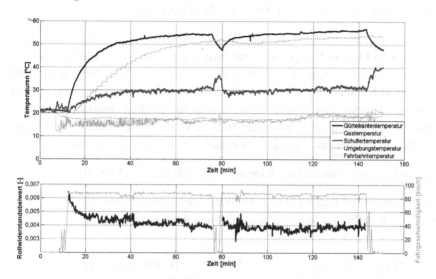

Abbildung 4.13: Autobahnfahrt mit dem Spezialmessfahrzeug: rollwiderstandsrelevante Temperaturen (oben); Rollwiderstandsbeiwert und Fahrgeschwindigkeit (unten)

Abbildung 4.13 zeigt die Temperaturverläufe der unterschiedlichen Reifentemperaturen sowie die Umgebungs- und Fahrbahntemperatur. Gut zu erkennen sind der Anstieg der Reifentemperaturen und die exponentielle Annäherung an den jeweiligen thermischen Gleichgewichtszustand. Der markante Abfall der Gürtelkantentemperatur zu Mitte und Ende der Messung korreliert mit einer entsprechend deutlichen Zunahme der Schultertemperatur. Die Ursache ist die deutliche Geschwindigkeitsabnahme beim Verlassen der Autobahn zum Wenden und zu Messende, siehe Geschwindigkeitssignal in Abbildung 4.13 unten. Mit abfallender Geschwindigkeit reduziert sich die Leistung aus Rollwiderstand (und Schlupf) und damit der Energieeintrag in den Reifen. Die Gürtelkantentemperatur sinkt entsprechend. Die Schultertemperatur steigt, weil bei reduzierter Fahrgeschwindigkeit die Wärmeabfuhr durch die Umströmung (Konvektion) geringer, die Wärmezufuhr aus dem wärmeren Reifenkern zunächst aber noch gegeben ist. Abbildung 4.13 unten zeigt den sich ergebenen Rollwiderstandsbeiwert. Hier ist erwartungsgemäß eine exponentielle Annäherung an einem Rollwiderstandsbeiwert im thermischen Gleichgewicht zu beobachten. Der Fülldruck steigt während der Messung von 9 bar auf etwa 10,1 bar an (nicht abgebildet).

Für die Messungen auf dem Testgelände in Klettwitz wurde auf einem langgezogenen Oval gefahren. Gefahren wurde ein Stufentest bestehend aus 90 Minuten Konstantfahrt mit 85 km/h, 60 Minuten Konstantfahrt mit 15 km/h sowie 90 Minuten Konstantfahrt mit 60 km/h. Eine Messung enthält somit die Reifentemperaturen und Rollwiderstände für drei stationäre Betriebspunkte des Reifen sowie das Aufwärm- bzw. Abkühlverhalten und die transienten Rollwiderstandsverläufe zwischen diesen Betriebspunkten.

Messprogramm Testgelände Klettwitz (Fahrten Nr. 9 und Nr.10):

■ Continental EcoPlusHT3 385/55 R22.5 (Trailerachsreifen)
  - Radlast 3800 kg, Kaltfülldruck 9,0 bar
  - 1 Fahrt

■ Michelin X-Line EnergyZ 315/70 R22.5 (Lenkachsreifen)
  - Radlast 3570 kg, Kaltfülldruck 9,0 bar
  - 1 Fahrt

Die auf dem Testgelände in Klettwitz gemessenen Reifen stehen nicht im Fokus der vorliegenden Ausarbeitung. Die Messungen sind der Vollständigkeit halber erwähnt und werden teilweise auch für die Parametrierung der entsprechenden Reifenmodelle zur Nutzung in der Gesamtfahrzeugsimulation herangezogen, siehe Kap. 5.5.

Die detaillierte Auswertung der Ergebnisse am Beispiel Trailerachsreifen Continental EcoPlusHT3 385/65 R22.5 erfolgt in Kap. 5.3 im Rahmen der Modellierung der Temperaturabhängigkeit des Rollwiderstandes. Die Temperaturverläufe fließen auch in die Modellierung des thermischen Reifenverhaltens ein, siehe Kap. 5.2. Weitere Details zum Messprogramm und exemplarische Ergebnisse enthält der Versuchskurzbericht, [12].

5 Modellierung

Die Ergebnisse aus dem Feldversuch im realen Güterfernverkehr sowie der Rollwiderstandsmessungen auf echten Fahrbahnen sollen in ein Reifenmodell überführt werden. Der Fokus dabei liegt auf der Modellierung des transienten thermischen Rollwiderstands in Abhängigkeit der Betriebs- und Umgebungsbedingungen. Das entwickelte thermische Nutzfahrzeugreifenmodell wird in eine vorhandene Gesamtfahrzeugsimulationsumgebung integriert, um aus gegebenen Fahr- und Streckenprofilen sowie Beladungssituationen realistische Rollwiderstände zu prognostizieren.

5.1 Modellierungsansatz

Jedes Modell abstrahiert und vereinfacht die Realität. Die Bandbreite der prinzipiell möglichen Modellierungsansätze für Rollwiderstandsmodelle wurde im Stand der Technik dargelegt, siehe Kap. 3. Die Herausforderung bei der Modellierung besteht darin, den für die konkrete Fragestellung optimalen Modellierungsansatz und das optimale Abstraktionsmaß zu finden. Hierbei ist nicht nur der richtige Kompromiss aus Komplexität, Detaillierungsgrad, Abbildungsgüte und Parametrierungsaufwand zu identifizieren, sondern es müssen auch die gegebenen Voraussetzungen und anwendungsspezifischen Rahmenbedingungen berücksichtigt werden. Konkret bedeutet das, dass der Modellierungsansatz eng mit dem messtechnischen Konzept verknüpft ist und dass auch die Anforderungen hinsichtlich der Einbindung in die Gesamtfahrzeugentwicklungsumgebung berücksichtigt werden müssen.

Ein Ziel der Arbeit ist ein Analyse- und Prognosewerkzeug zur Bewertung fernverkehrstypischer Szenarien aus dem realen Speditionsalltag unter realen Randbedingungen. Entsprechend müssen sich alle wesentlichen Modellparameter und Einflussgrößen mit vertretbarem messtechnischen Aufwand aus dem Realbetrieb ableiten und bestimmen lassen. Dieser Maxime folgt auch der Modellierungsansatz zum Rollwiderstandsmodell. In Analogie zum

© Springer Fachmedien Wiesbaden GmbH, ein Teil von Springer Nature 2018
J. Neubeck, *Thermisches Nutzfahrzeugreifenmodell zur Prädiktion realer Rollwiderstände*, Wissenschaftliche Reihe Fahrzeugtechnik Universität Stuttgart, https://doi.org/10.1007/978-3-658-21541-5_5

Messkonzept, siehe Kap. 4.1, ist auch das Rollwiderstandsmodell zweigeteilt. Abbildung 5.1 zeigt die konzeptionellen Zusammenhänge. Das Rollwiderstandsmodell besteht aus zwei Modulen, einem thermischen Reifenmodell und einem Temperatur-Rollwiderstandsmodell. Das thermische Reifenmodell berechnet transiente Reifentemperaturen. Diese Reifentemperaturen
sind dynamische Zustandsgrößen, die das thermische Reifenverhalten in
Abhängigkeit der Betriebs- und Umgebungsbedingungen beschreiben. Das
Temperatur-Rollwiderstandsmodell berechnet dann den Rollwiderstand, der
mit dem thermischen Reifenzustand korreliert. Beide Module sind miteinander verkoppelt. Rollwiderstand ist dissipierte mechanische Energie, die als
Wärmequelle in das thermische Reifenmodell eingeht, symbolisiert durch
den grauen Pfeil in Abbildung 5.1.

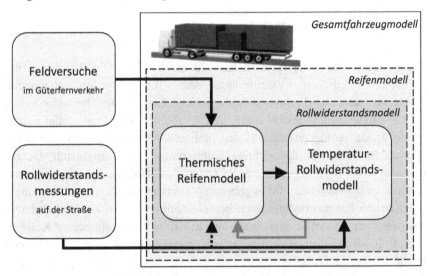

Abbildung 5.1:   Modellierungsansatz zum Rollwiderstandsmodell

Ziel des thermischen Reifenmodells ist die Modellierung der Temperaturentwicklung von Reifen im echten Fernverkehrseinsatz unter realen Betriebsbedingungen. Entsprechend leitet sich das thermische Reifenmodell konzeptionell aus den Ergebnissen der Feldversuche im Güterfernverkehr ab, siehe
Abbildung 5.1. Aus den Messungen sind weder der detaillierte konstruktive
Aufbau des Reifens noch die detaillierten stofflichen Eigenschaften der verschiedenen Materialien ableitbar. Somit ist ein detaillierter physikalischer

FEM-Modellansatz entsprechend Abbildung 3.4 nicht sinnvoll. Dennoch muss das thermische Verhalten des Reifens qualitativ und quantitativ richtig abgebildet werden. Dazu muss das Temperaturmodell mit einer solchen Genauigkejt modelliert werden, dass der Wärmeaustausch sowohl zwischen den einzelnen Reifenzonen (Schulter, Laufffläche, Reifenscheitel, ...) als auch mit der Umgebung in Niveau und Dynamik richtig abgebildet wird. Der modellierte thermische Zustand des Reifens muss in Temperaturen beschrieben werden, die sich mit den aus den Messungen verfügbaren Größen validieren lassen. Zur Modellierung des thermischen Zustandes des Reifens wird ein teilempirischer und teilphysikalischer Ansatz verwendet, der die Wärmeübertragung zwischen den für den Rollwiderstand relevanten Reifenzonen abbildet und eine Prädiktion des Rollwidertandes auf Basis des thermischen Zustandes erlaubt. Die Modellierung und Validierung des thermischen Reifenmodells wird in Kap. 5.2. erläutert.

Die Modellierung der Korrelation zwischen dem thermischen Reifenzustand und dem daraus resultierenden Rollwiderstand wird in Kap. 5.3 ausgeführt. Dieses in Abbildung 5.1 mit Temperatur-Rollwiderstandsmodell bezeichnete Modul wird aus den Rollwiderstandsmessungen mit dem Spezialmessfahrzeug auf realen Straßen abgeleitet. Der thermische Reifenzustand ist bisher eine abstrakte Größe, die sich nicht über eine einzelne Zustandsvariable beschreiben lässt. Entsprechend ist die Herausforderung für die Modellierung nicht so sehr die mathematische Beschreibung der Abbildungsfunktion sondern vielmehr die Wahl geeigneter Eingangsgrößen zur Beschreibung des mit dem Rollwiderstand korrelierenden thermischen Zustandes.

Da bei den Rollwiderstandsmessungen auf der Straße auch die Reifentemperaturen gemessen wurden, können diese Ergebnisse auch bei der Modellierung des thermischen Reifenmodells einfließen, symbolisiert durch den gestrichelten Pfeil in Abbildung 5.1.

Abbildung 5.1 zeigt zudem die konzeptionelle Einbindung des Rollwiderstandsmodells mit seinen zwei Modulen in ein Reifenmodell, das neben dem Rollwiderstand auch alle anderen Kräfte und Momente berechnet, die zwischen Reifen und Straße übertragen werden. Das Reifenmodell wiederum ist Teil des Gesamtfahrzeugmodells und damit letztlich Teil der kompletten Entwicklungsumgebung zur Analyse und Prädiktion energetischer Fragestellungen für Fernverkehrszüge unter Berücksichtigung realen Randbedingungen.

Die Einbindung des Rollwiderstandsmodells in die Gesamtfahrzeugentwicklungsumgebung wird in Kap. 5.5 beschrieben.

Die geplante Integration des Rollwiderstandsmodells in eine dynamische Ge-
samtfahrzeugsimulation adressiert einen weiteren Aspekt, der bei der Wahl
des geeigneten Modellierungsansatzes eine gewichtige Bedeutung hat. Die
Modellierung des thermischen Reifenzustands und des daraus abgeleiteten
transienten Rollwiderstandsverhaltens erfolgt auch unter dem Gesichtspunkt
Rechenzeit, schließlich sollen reale Fahrzyklen von ggf. mehreren Stunden
Fahrzeit simuliert und in endlicher Zeit einer Bewertung zugeführt werden.
Auch diesbezüglich wäre ein vollphysikalischer Modellansatz bestehend aus
einem viskoelastischen FEM-Modell gekoppelt mit einem entsprechenden
detaillierten Wärmeübertragungsmodell nicht sinnvoll.

5.2 Thermisches Reifenverhalten

5.2.1 Thermisches Reifenmodell

Zur Herleitung der thermischen Modellierung wird der Reifen zunächst als
thermodynamisches System betrachtet. Der erste Hauptsatz der Thermodynamik beschreibt die Energieerhaltung. Die innere Energie eines Systems
kann sich nur durch den Transport von Energie in Form von Wärme oder
mechanischer Arbeit über die Systemgrenzen hinweg ändern.

Die wiederkehrenden Deformationen bei abrollenden Reifen unter Last ver-
richten mechanische Arbeit und damit einen Energieeintrag in das System.
Ein Teil der Energie verlässt bei Expansion zuvor deformierter Bereiche das
System wieder als mechanische Energie. Die Differenz (Hystereseanteil) entspricht der Rollwiderstandsarbeit. Sie wird im Reifenmaterial mechanisch
dissipiert und in Wärme gewandelt. Die Rollwiderstandsarbeit ist auf mecha-
nischem Wege auf das System Reifen übertragene Energie, die im Reifen als
thermische Energie verfügbar ist.

Zur Vereinfachung wird das thermodynamische System Reifen auf ein thermisches System Reifen überführt. Die Rollwiderstandsarbeit wird direkt als

Eintrag von thermischer Energie Q betrachtet. Folglich entspricht die Rollwiderstandsleistung einem Wärmestrom $\dot{Q}$ in das thermische System Reifen.

Für die Rollwiderstandsleistung P_R gilt:

$$P_R = f_R(T_i) \cdot F_N \cdot v_x = \dot{Q}_R \qquad \text{Gl. 5.1}$$

Entgegen der Definition der Rollwiderstandsleistung nach Gl. 3.5 in Kap. 3.2 wird hier nicht das Gesamtfahrzeug, sondern ein einzelner Reifen betrachtet. Zur präzisen Bilanzierung muss jeder Reifen individuell betrachtet und seine individuellen Orientierungen und Geschwindigkeitsvektoren berücksichtigt werden. Für das thermische Reifenmodell werden sämtliche Größen im lokalen Reifenkoordinatensystem betrachtet. Im Sinne der Lesbarkeit dieser Arbeit wird auf die Angabe zu Bezugsystemen einzelner Größen sowie die notwendigen Transformationen zwischen den einzelnen Fahrzeug- und Reifenkoordinatensystemen weitestgehend verzichtet.

In Gl. 5.1 sind v_x die Geschwindigkeitskomponente in Reifenlängsrichtung und F_N die Radlast. Der Rollwiderstandsbeiwert ist entsprechend des Modellierungsansatzes (siehe Kap. 5.1) eine Funktion des durch mehrere Reifentemperaturen T_i repräsentierten thermischen Zustands des Reifens. Der entsprechende Zusammenhang wird in Kap. 5.3 hergeleitet. $\dot{Q}_R$ ist der der Rollwiderstandsleistung P_R entsprechende Wärmestrom als Eingangsgröße in das thermische Reifenmodell.

In Analogie zur Rollwiderstandsleistung stellen auch die Schlupfleistungen Wärmeströme in das thermische Reifenmodell dar. Für die Längsschlupfleistung $P_{S_{\text{längs}}}$ gilt:

$$P_{S_{\text{längs}}} = \left| \frac{v_x - v_{\text{th}}}{v_x} \cdot \frac{M_y}{r_{\text{dyn}}} \cdot v_x \right| = \left| (v_x - v_{\text{th}}) \cdot \frac{M_y}{r_{\text{dyn}}} \right| = \dot{Q}_{S_{\text{längs}}} \qquad \text{Gl. 5.2}$$

Dabei ist M_y das schlupfverursachende Brems- oder Antriebsmoment. In Gl. 5.2 wird die Bremsschlupfdefinition einheitlich für alle Schlupfzustände verwendet. Die Vorzeichen der einzelnen Terme sind nicht relevant, da die Schlupfleistung unabhängig von der Schlupfsituation immer positiv ist. Letzteres ist durch die abschließende Betragsbildung sichergestellt. Der Querschlupf ist der Tangens des Schräglaufwinkels $\propto$, [75]. Für die Querschlupf-leistung $P_{S_{quer}}$ gilt:

$$P_{S_{quer}} = |\tan \propto \cdot F_S \cdot v_x| = \left|\frac{v_y}{v_x} \cdot F_S \cdot v_x\right| = |F_S \cdot v_y|$$
$$= \dot{Q}_{S_{quer}}$$

Gl. 5.3

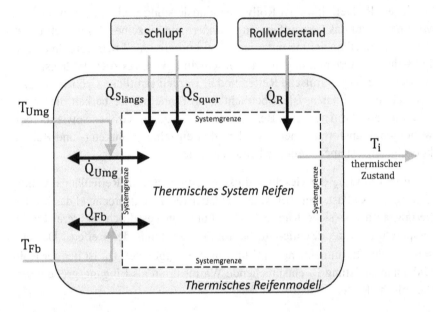

Abbildung 5.2:   Ein- und Ausgänge in das thermische Reifenmodell sowie Wärmeströme über die Systemgrenze des thermischen Systems Reifen

Die Wärmeströme aus Rollwiderstand und Schlupf sind als Eingänge in das thermische System Reifen auch als Eingänge in die mathematische Implementierung des thermischen Reifenmodells definiert. Daneben tauscht das thermische System Reifen Wärmeströme über die Systemgrenze zur Fahrbahn $\dot{Q}_{Fb}$ und zur Umgebung $\dot{Q}_{Umg}$ aus. Diese Wärmeströme können je nach Temperaturdifferenz der beteiligten Partner sowohl Eingänge als auch Ausgänge für das thermische System Reifen sein. Im Zuge der mathematischen Implementierung fungieren daher die Fahrbahntemperatur T_{Fb} und die Umgebungstemperatur T_{Umg} als Eingänge in das thermische Reifenmodell. Sie definieren zusammen mit den Reifentemperaturen T_i die Richtung der Wärmeströme. Abbildung 5.2 verdeutlicht diese Zusammenhänge. Gl. 5.4 fasst die Eingangsgrößen des thermischen Reifenmodells $Eing_{TRM}$ zusammen.

$$Eing_{TRM} = \left\{ \dot{Q}_R, \dot{Q}_{S_{längs}}, \dot{Q}_{S_{quer}}, T_{Umg}, T_{Fb} \right\} \qquad \text{Gl. 5.4}$$

Ausgänge des thermischen Reifenmodells sind die noch zu spezifizierenden Reifentemperaturen T_i, die den thermischen Zustand des Reifens beschreiben.

Der obige Modellansatz ist unter folgenden vereinfachenden Annahmen gültig:

■ Die mechanische Rollwiderstandsleistung wird vollständig im Reifen dissipiert. Eine Verformung der Fahrbahn wird vernachlässigt.

■ Die mechanischen Schlupfverlustleistungen werden vollständig im Reifen dissipiert. Eine anteilige direkte Erwärmung der Fahrbahn wird vernachlässigt.

■ Ein Energieeintrag in den Reifen durch Wärmestrahlung (Sonne, Bremsscheibe, etc.) wird vernachlässigt.

Diese Annahmen stellen keine prinzipiellen Einschränkungen da. Eine Berücksichtigung der genannten Einflüsse ist zwar konzeptionell berücksichtigt, in der vorgestellten Implementierung aber bisher nicht umgesetzt.

Nachdem die Ein- und Ausgänge sowie die Systemgrenze des thermischen Systems Reifen entsprechend Abbildung 5.2 spezifiziert sind, liegt der Fokus im Folgenden auf der inneren Struktur des thermischen Reifenmodells und der Bestimmung des thermischen Zustands.

Der thermische Zustand des Reifens ist bisher eine abstrakte Größe, die entsprechend des Modellierungsansatzes nach Kap. 5.1 geeignet sein muss, um das den Rollwiderstand beeinflussende thermische Verhalten des Reifens qualitativ und quantitativ richtig abzubilden. Des Weiteren muss der thermische Zustand Teil einer geeigneten Modellbeschreibung sein, die sich aus den verfügbaren Messdaten parametrieren und validieren lassen. Zur Charakterisierung des thermischen Zustands eignen sich Temperaturen.

Gl. 5.5 nennt die Menge der im Feldversuch im Güterfernverkehr gemessenen Reifentemperaturen $T_{i_{Feldversuch}}$ (siehe Kap. 4.2.1) sowie die Menge der
bei den Rollwiderstandsmessungen mit dem Spezialmessfahrzeug erfassten
Reifentemperaturen $T_{i_{Rowi\_Messung}}$ (siehe Kap. 4.3.1):

$$T_{i_{Feldversuch}} = \{T_{Lauffläche}, T_{Schulter}, T_{Gas}\}$$
$$T_{i_{Rowi\_Messung}} = \{T_{Gürtel}, T_{Schulter}, T_{Gas}\}$$

Gl. 5.5

Dabei sind die Lauffflächentemperatur $T_{Lauffläche}$ und die Schultertemperaur
$T_{Schulter}$ Oberflächentemperaturen, während die Gürtelkantentemperatur
$T_{Gürtel}$ eine im Reifenmaterial gemessene Größe darstellt. Die Gastemperatur
T_{Gas} repräsentiert die Temperatur der Luft im Reifeninneren. Im Sinne eines
pragmatischen Ansatzes und unter Berücksichtigung der bestmöglichen Aus-
nutzung aller vorhandenen Informationen wird die Vereinigungsmenge T_i zur
Beschreibung des thermischen Reifenzustands angesetzt:

$$T_i = \{T_{Lauffläche}, T_{Schulter}, T_{Gas}, T_{Gürtel}\}$$

Gl. 5.6

Der Vollständigkeit halber sei angemerkt, dass sich auch der gemessene Reifenfülldruck als eine den thermischen Zustand des Reifens beschreibende
Größe eignet. Da sich die Gasmenge nicht und das Gasvolumen näherungsweise nicht ändert, ist der Fülldruck über die Gasgleichung mit der Reifen-
gastemperatur T_{Gas} verknüpf und somit zu ihr weitgehend redundant. Weitere Reifentemperaturen, wie z. B. die Felgen- oder Reifenwulsttemperatur
oder weitere Reifenkerntemperaturen, wären unter Umständen geeignet, den
gewählten Modellansatz zu ergänzen. Ein teilempirischer Modellansatz muss
sich aber immer auch an den verfügbaren Messdaten orientieren, weil er über
diese parametriert werden muss. Modellteile, die nicht über die Messdaten
gestützt und validiert werden können, erschweren die Parametrierung und
bergen immer auch die Gefahr einer Ergebnisverfälschung.

Jeder der Temperaturen aus Gl. 5.6 wird eine thermische Masse zugeordnet.
Der Begriff „thermische Masse" dient der Veranschaulichung im Sinne einer
sehr groben Unterteilung des Reifens in einzelne Teilbereiche. Eine thermische Masse kann Energie in Form von Wärme aufnehmen, speichern und ab-
geben. Sie kann Wärmeströme empfangen und aussenden. Physikalisch entspricht die thermische Masse einer Wärmekapazität. Die Wärmekapazität C

eines Körpers beschreibt das Verhältnis der dem Körper zugeführten Wärme zu der dadurch bewirkten Temperaturänderung.

$$C = \frac{dQ}{dT}$$
Gl. 5.7

Die Wärmekapazität eines realen homogenen Körpers entspricht dem Produkt der spezifischen Wärmekapazität c und seiner Masse m, siehe Gl. 5.8. Die spezifische Wärmekapazität ist eine Materialeigenschaft.

$$C = c \cdot m$$
Gl. 5.8

Der Reifen ist kein homogener Körper aus einem einzigen Material mit einfach bestimmbaren Materialeigenschaften. Auch sind die zur Beschreibung des thermischen Verhaltens gewählten Temperaturen nicht einzelnen und klar voneinander abgrenzbaren Massen oder geometrischen Bereichen im Sinne einer finiten Diskretisierung zuordnenbar. Vielmehr wird der Begriff „thermische Masse" benutzt für eine abstrakte Einheit, die im Wesentlichen durch ihre thermischen Eigenschaften charakterisiert und durch eine gemeinsame Wärmekapazität repräsentiert ist. In dieser Modellvorstellung beschreibt Gl. 5.7 die Wärmekapazität C einer thermischen Masse als das Verhältnis der der thermischen Masse zugeführten Wärme zu der dadurch bewirkten Temperaturänderung. Die zu- und abgeführte Wärme wird über Wärmeströme modelliert, welche die einzelnen thermischen Massen miteinander verbinden.

Den Temperaturen aus Gl 5.6 werden thermische Massen (Wärmekapazitäten) zugeordnet.

$$C_i = \{C_{\text{Lauffläche}}, C_{\text{Schulter}}, C_{\text{Gas}}, C_{\text{Gürtel}}\}$$
Gl. 5.9

Mit $C = \frac{dQ}{dT} = \frac{dQ}{dt} \cdot \frac{dt}{dT}$ folgt aus Gl. 5.7:

$$\frac{dT}{dt} \cdot C = \frac{dQ}{dt} \quad \Leftrightarrow \quad \dot{T} \cdot C = \dot{Q}$$
Gl. 5.10

Damit ergibt sich für jede der thermischen Massen (Wärmekapazitäten) C_i nach Gl. 5.9 eine Differentialgleichung mit der entsprechenden Temperatur T_i als Zustand:

$$\dot{T}_i \cdot C_i = \sum_j \dot{Q}_{i\_j}$$

Gl. 5.11

Die Temperatur der thermischen Masse ändert sich dynamisch in Abhängigkeit der Summe aller Wärmeströme $\dot{Q}_{i\_j}$, die auf die thermische Masse oder ausgehend von der thermischen Masse wirken. Die thermische Masse entspricht einer thermischen Trägheit. Je größer die thermische Masse, desto mehr Wärmeenergie wird benötigt, um die thermische Masse zu erwärmen.

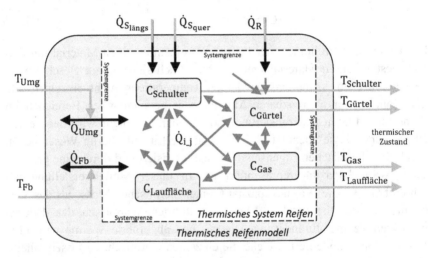

Abbildung 5.3:   Struktur des thermischen Reifenmodells mit Fokus auf den thermischen Massen (Wärmekapazitäten C_i) sowie schematische Darstellung der Wärmeströme

Abbildung 5.3 ergänzt Abbildung 5.2 um die schematische Darstellung der inneren Struktur des thermischen Reifenmodells. Dargestellt sind die vier thermischen Massen C_i sowie die Konkretisierung der Ausgänge. Die vier den thermischen Massen zugehörigen Temperaturen entsprechen den Zuständen des Modells, siehe Gl. 5.11. Sie repräsentieren den thermischen Zustand des Reifens und definieren gleichzeitig den Modellausgang des thermischen Reifenmodells, siehe Gl. 5.12:

$$\text{Ausg}_{\text{TRM}} = T_i = \{T_{\text{Lauffläche}}, T_{\text{Schulter}}, T_{\text{Gas}}, T_{\text{Gürtel}}\}$$

Gl. 5.12

Der Modellansatz sieht vor, dass prinzipiell jede thermische Masse Wärmeströme mit jeder anderen thermischen Masse sowie mit der Umgebung und
der Fahrbahn austauschen kann. So kann z. B. die thermische Masse C_{Gas}
auch Wärmeströme mit der Umgebung austauschen, obwohl in der Realität
Gas und Umgebungsluft durch die Seitenwand voneinander getrennt sind. Es
handelt sich um einen teilempirischen Modellansatz, in dem nur wenige thermische Massen modelliert sind. Somit repräsentieren diese thermischen Massen nicht zwingend nur den nach ihr benannten Körper bzw. das nach ihr be-
nannte Medium. So beschreibt die thermische Masse C_{Gas} neben der Luft im
Reifeninneren auch Teile der Felge sowie der Seitenwand. Folglich wird
auch ein potentieller Wärmestrom mit der Umgebung zugelassen. Die in
Abbildung 5.3 abgebildeten Wärmeströme $\dot{Q}_{i\_j}$ im thermischen System Reifen sind exemplarisch und sollen nur den prinzipiellen Modellansatz verdeut-
lichen.

Die Größe der Wärmeströme aus Rollwiderstand und Schlupf ergeben sich
aus der jeweiligen physikalischen Arbeit entsprechend Gl. 5.1 bis Gl. 5.3. Sie
können aus den im übergeordneten Reifenmodell verfügbaren Größen direkt
berechnet werden, siehe Kap. 5.4.

Die Größe der Wärmeströme $\dot{Q}_{i\_j}$ zwischen den thermischen Massen sowie
der Wärmeaustausch mit der Umgebung und der Fahrbahn ergeben sich aus
den Temperaturdifferenzen und müssen über Messungen parametriert werden. Der Modellansatz orientiert sich an der Physik der Wärmeübertragung
durch Wärmeleitung und Konvektion, siehe Gl. 3.9 und Gl. 3.11. Danach ist
der Wärmestrom $\dot{Q}_{i\_j}$ zwischen zwei Körpern bzw. Medien i und j abhängig
von der Temperaturdifferenz $(T_i - T_j)$, vom Wärmeübergangskoeffizient h_{i_j}
sowie der Fläche A_{i_j}, an der der Wärmeübergang stattfindet. Es gilt:

$$\dot{Q}_{i\_j} = h_{i\_j} \cdot A_{i\_j} \cdot (T_i - T_j) = -\dot{Q}_{j\_i}$$

Gl. 5.13

$i, j \in \{\text{Lauffläche, Schulter, Gas, Gürtel, Fb, Umg}\}$

Der Wärmeübergangskoeffizient h_{i_j} ist im Fall der Wärmeleitung eine konstante Material- oder Materialpaarungseigenschaft und im Fall der Konvektion zudem strömungs- und strömungsgeschwindigkeitsabhängig. Da der
Wärmestrom eine gerichtete Größe ist, gilt: $\dot{Q}_{i\_j} = -\dot{Q}_{j\_i}$.

Wie bereits erwähnt, sind die thermischen Massen im Modell eher abstrakte
Einheiten als klar voneinander abgrenzbare Bereiche des Reifens. Somit sind
weder konkrete Flächen A_{i_j} identifizierbar, über die der Wärmeaustausch
stattfindet, noch können materialspezifische Wärmeübergangskoeffizient h_{i_j}
ermittelt werden. Das Produkt der beiden Unbekannten wird zu einem den
Wärmestrom charakerisierenden Faktor $(h \cdot A)_{i\_j}$ zusammengefasst. Für alle
Wärmeströme im Reifen kann von konstanten Wärmeübergangskoeffizienten
und damit von konstanten den Wärmestrom charakterisierenden Faktoren
ausgegangen werden. Für alle internen Wärmeströme vereinfacht sich Gl.
5.13 zu:

$$\dot{Q}_{i\_j} = (h \cdot A)_{i\_j} \cdot (T_i - T_j) = - \dot{Q}_{j\_i}$$

$$i, j \in \{\text{Lauffläche, Schulter, Gas, Gürtel}\}$$

Gl. 5.14

Die Wärmströme über die Systemgrenze mit der Fahrbahn und der Umgebung werden jeweils in Abhängigkeit von der Reifenlängsgeschwindigkeit v_x
(im Felgenkoordinatensystem) modelliert. Die Wärmeübertragung zwischen
Reifen und Umgebung wird von der Konvektion dominiert. Die Konvektion
ist von der Art der Umströmung und der Umströmungsgeschwindigkeit
abhängig. Es wird vereinfachend angenommen, dass die Umströmungsgeschwindigkeit mit der Reifenlängsgeschwindigkeit v_x korreliert und die Wärmeübertragung über einen linearen Ansatz von der Reifenlängsgeschwindigkeit abhängt. Auch die Wärmeübertragung zur Fahrbahn wird in linearer Abhängigkeit von der Reifenlängsgeschwindigkeit angenommen. Für die Wärmeübertragung mit der Fahrbahn und der Umgebung vereinfacht sich Gl.
5.13 zu:

$$\dot{Q}_{i\_j} = (h \cdot A)_{i\_j} \cdot (T_i - T_j) \cdot (a_{i1} \cdot |v_x| + a_{i0}) = - \dot{Q}_{j\_i}$$

$$i \in \{\text{Fb, Umg}\}, \quad j \in \{\text{Lauffläche, Schulter, Gas, Gürtel}\}$$

Gl. 5.15

Über die konstanten Faktoren a_{i0} in Gl. 5.15 in der Geschwindigkeitsabhän-
gigkeit der Wärmeströme zur Fahrbahn und Umgebung wird die Tatsache
berücksichtigt, dass auch im Stand Wärmeübertragung stattfindet. Über die
Betragsfunktion wird gewährleistet, dass die Richtung des Wärmestroms nur
von der Temperaturdifferenz und nicht von der Fahrtrichtung abhängt.

Letztlich ist das thermische Reifenmodell ein Satz Differentialgleichungen nach Gl. 5.11 mit Wärmeströmen nach Gl. 5.14 und Gl. 5.15 sowie dem Zustandsvektor der Reifentemperaturen T_i nach Gl. 5.6. Als Anfangswerte für die Zustände wird ohne Beschränkung der Allgemeinheit oft einheitlich die Umgebungstemperatur angesetzt.

5.2.2 Parametrierung

Der beschriebene teilempirische Ansatz für die thermische Modellierung des Reifens hat

■ vier unbekannte Parameter C_i nach Gl. 5.11,

■ sechs unbekannte Parameter $(h \cdot A)_{i\_j}$ nach Gl. 5.14 sowie

■ acht unbekannte Parameter $(h \cdot A)_{i\_j}$ und vier unbekannte Parameter a_{i0} und a_{i1} nach Gl. 5.15.

Diese unbekannten Parameter müssen über die zur Verfügung stehenden Messungen parametriert werden. Dazu stehen prinzipiell die gemessenen Reifentemperaturen T_i aus allen Messfahrten (siehe Gl. 5.5) zur Verfügung. Als Datenbasis für die Parametrierung des thermischen Reifenmodells werden Temperaturzeitschriebe $T_i(t_m)$ aus einem repräsentativen Kollektiv ausgewählter Messfahrten f generiert, siehe Gl. 5.16.

$$[T_i(t_m)]_f =$$
$$[\{T_{\text{Lauffläche}}(t_m), \ T_{\text{Gürtel}}(t_m), \ T_{\text{Schulter}}(t_m), \ T_{\text{Gas}}(t_m)\}]_f$$

Gl. 5.16

Die Parametrierung erfolgt anhand dieses repräsentativen Messdaten-Temperaturkollektivs über einen Optimierungsansatz. Die unbekannten Parameter werden mit einigen physikalisch motivierten Vorzeichen- und Maximalwertbeschränkungen einem numerischen Optimierungsverfahren als zu optimierende Parameter übergeben. Benutzt wird ein evolutionärer Algorithmus (CMA-ES) für nichtlineare Optimierungsprobleme [40, 44].

Der Optimierer variiert gezielt die Parameter anhand eines Abgleichs gemessener Reifentemperaturen mit den über das thermische Reifenmodell simulierten Temperaturen. Dazu wird dem thermischen Reifenmodell das zu dem repräsentativen Kollektiv ausgewählter Messfahrten f korrelierende Kollektiv an Eingangsgrößen zur Verfügung gestellt, siehe Gl. 5.4.

$$[\text{Eing}_{\text{TRM}}(t_m)]_f =$$

$$\left[\left\{\dot{Q}_R(t_m),\ \dot{Q}_{S_{\text{längs}}}(t_m),\ \dot{Q}_{S_{\text{quer}}}(t_m),\ T_{\text{Umg}}(t_m),\ T_{\text{Fb}}(t_m)\right\}\right]_f \qquad \text{Gl. 5.17}$$

Die transienten Verläufe der Wärmeströme aus Rollwiderstand und Schlupf können nach Gl. 5.1 bis Gl. 5.3 konsistent zu den gemessenen Fahr- und Beladungszuständen aus Größen des übergeordneten Reifenmodells direkt bestimmt werden, siehe Kap. 5.4. Die Umgebungs- und Fahrbahntemperaturverläufe sind als direkte Messgrößen vorhanden. Das Thermische Reifenmodell TRM überführt die Eingangsgrößen nach Gl. 5.17 in entsprechende Ausgangsgrößen, siehe Gl. 5.18:

$$\text{TRM}([\text{Eing}_{\text{TRM}}(t_m)]_f) = [\text{Ausg}_{\text{TRM}}(t_m)]_f \qquad \text{Gl. 5.18}$$

Als Zielfunktion für den Optimierer wird das Residuum res verwendet. Es ist nach Gl. 5.19, die mit einer Gewichtungsfunktion ω_m multiplizierte Summe aller Fehlerquadrate zwischen den Modellausgängen $\text{Ausg}_{\text{TRM}}(t_m)$ und den Temperaturmessungen $T_i(t_m)$ über alle Messfahrten f der repräsentativen Datenbasis.

$$\text{res} = \sum_f \sum_m (\omega_m \cdot [\text{Ausg}_{\text{TRM}}(t_m)]_f - [T_i(t_m)]_f)^2 \qquad \text{Gl. 5.19}$$

Über die Gewichtungsfunktionen ω_m wird gesteuert, dass in der Zielfunktion bestimmte interessante Zeitbereiche in den Zeitschrieben der einzelnen Messfahrten f hervorgehoben werden oder dass bestimmte Signale unberücksichtigt bleiben. Letzteres ist insbesondere deshalb relevant, weil nicht alle Temperaturen in allen Messschrieben enthalten sind, siehe Gl. 5.5, vom Modell aber sehr wohl prognostiziert werden.

5.2.3 Modellreduktion

Die Modellstruktur des thermischen Reifenmodells nach Kap. 5.1 sieht vor, dass zwischen allen thermischen Massen sowie jeweils zwischen Fahrbahn und Umgebung mit jeder thermischen Masse Wärmeströme möglich sind. Entsprechend der Aufzählung in Kap. 5.2.2 ergeben sich 14 mögliche Wärmeströme. Das Modell hat insgesamt 22 unbekannte Parameter, womit sich die Frage nach einer möglichen Modellreduktion stellt. Die Modellreduktion erfolgte iterativ sowohl auf Basis physikalisch motivierter Vorüberlegungen als auch auf Basis numerischer Optimierungsergebnisse. Im Folgenden wird nur das Endergebnis erläutert.

Die Modellreduktion auf Basis physikalisch motivierter Vorüberlegungen betrifft im Wesentlichen die über die Systemgrenzen wirkenden Wärmeströme.

So gibt der vom Rollwiderstand verursachte und ins Modell eingehende Wärmestrom $\dot{Q}_R$ entsprechend dem Ort seiner physikalischen Entstehung seine Energie nur an die thermische Masse Gürtel $C_{Gürtel}$ ab. Auch die Wärmeströme aus Längs- und Querschlupf $\dot{Q}_{S_{längs}}$ und $\dot{Q}_{S_{quer}}$ werden im Sinne einer einfachen Modellstruktur auch direkt in den Gürtel eingeleitet, obwohl sie in Realität eher in der Lauffläche entstehen und von dort an den Gürtel transferiert werden. Die vereinfachende Annahme erscheint insofern gerechtfertigt, weil der Fokus der Arbeit auf der Modellierung des für den Rollwiderstand relevanten thermischen Verhaltens des Reifen liegt. Der Energieeintrag durch Schlupf beeinflusst den Rollwiderstand, indem er das Reifengummi im Gürtel erwärmt und so zu einem geänderten viskosen Materialverhalten beiträgt.

Die Fahrbahn kann Wärmeströme auf direktem Weg nur mit den thermischen Massen Lauffläche $C_{Lauffläche}$ und Gürtel $C_{Gürtel}$ austauschen.

Numerische Zwischenergebnisse bei den iterativen Optimierungsansätzen im Zuge der Parametrierung haben den Schluss zugelassen, dass auch im Reifeninneren zwischen den vier modellierten thermischen Massen nicht alle kombinatorisch möglichen Wärmeströme notwendig sind. Vielmehr hat sich gezeigt, dass es ausreichend ist, wenn jede thermische Masse über einen Wärmestrom mit der „zentralen" thermischen Masse Gürtel $C_{Gürtel}$ gekoppelt ist. Das bedeutet, dass z. B. die thermische Masse Schulter $C_{Schulter}$ nicht über einen direkten Wärmestrom zur thermischen Masse Lauffläche $C_{Lauffläche}$ verfügt. Ein entsprechender Wärmeaustausch würde im Modell indirekt über die thermische Masse Gürtel erfolgen. Abbildung 5.4

zeigt die finale Struktur des reduzierten thermischen Reifenmodells. Es sind sämtliche Ein- und Ausgänge des Modells angeben und sämtliche Wärmeströme zwischen den einzelnen thermischen Massen C_i sowie zwischen den thermischen Massen und der Fahrbahn sowie der Umgebungsluft.

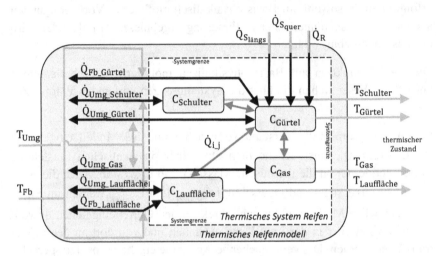

Abbildung 5.4:   Reduziertes thermisches Reifenmodell mit allen Ein- und Ausgängen sowie allen modellierten Wärmeströmen

Ohne Beschränkung der Allgemeinen ist der Reifen im Betrieb wärmer als die umgebende Luft und wärmer als die Fahrbahnoberfläche. Die Energie aus Rollwiderstand und Schlupf wird in den Gürtel eingeleitet, erwärmt den Gürtel, verteilt sich über die anderen thermischen Massen, erwärmt diese und wird teilweise an die Umgebung und die Fahrbahn abgegeben.

Das reduzierte thermische Reifenmodell zeigt gute Übereinstimmung mit den gemessenen Reifentemperaturen (siehe Kap. 5.2.4). Zur Prädiktion rollwiderstandsrelevanter thermischer Verhältnisse im Reifen zeigt es qualitativ und quantitativ gute Ergebnisse und stellt einen guten Kompromiss aus Ergebnisqualität, Komplexität und Parametrierungsaufwand dar.

5.2.4 Modellvalidierung

Zur Bewertung der Prädiktionsqualität des thermischen Reifenverhaltens werden die modellierten thermischen Reifenzustände mit den gemessenen Größen verglichen. Benutzt wurde das reduzierte thermische Reifenmodell nach Kap. 5.2.3. Alle Ergebnisse beziehen sich auf den Trailerachsreifen Continental EcoPlusHT3 385/65 R22.5.

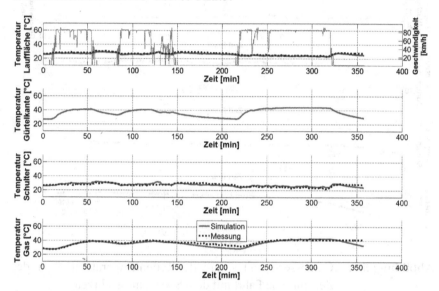

Abbildung 5.5: Gemessene und simulierte Reifentemperaturen über der Zeit für eine Fahrt aus den Feldversuchen

Betrachtet wird nur das thermische Reifenmodell. Eingangsgrößen sind die Wärmeströme aus Schlupf und Rollwiderstand sowie die gemessenen Fahrbahn- und Umgebungstemperaturen, siehe Abbildung 5.4. Der Wärmeeintrag durch Schlupf ist am überwiegend frei- und geradeausrollenden Trailerachsreifen vernachlässigbar. Der Wärmeeintrag aus Rollwiderstand entspricht der Rollwiderstandsleistung. Er wird entsprechend Gl. 5.1 aus den gemessenen Größen Radlast und Geschwindigkeit sowie einem vom thermischen Reifenzustand abhängigen Rollwiderstandsbeiwert berechnet. Letzterer wird im Detail erst in Kap. 5.3 vorgestellt. Zur Bewertung des thermischen Reifenmodells reicht die Gewissheit, dass ein zum gemessenen Fahr- und Beladungszustand konsistenter Wärmeeintrag aus Rollwiderstand und Schlupf berücksichtigt wird. Die Einzelheiten folgen im Zuge der Vorstellung der Gesamtstruktur des Rollwiderstandsmodells in Kap. 5.4 bzw. in Kap. 5.5 in Zuge der Einbindung des Rollwiderstandsmodells ins Reifen- und ins Gesamtfahrzeugmodell.

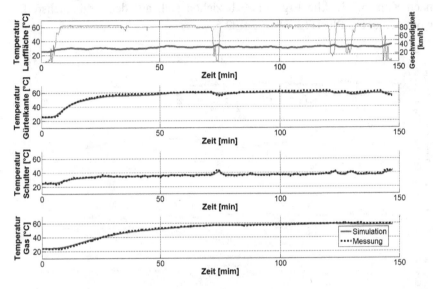

Abbildung 5.6:   Gemessene und simulierte Reifentemperaturen über der Zeit für eine Fahrt mit dem Spezialmessfahrzeug

Abbildung 5.5 zeigt Zeitverläufe der über das thermische Reifenmodell simulierten Temperaturen der vier thermischen Massen Lauffläche, Gürtel, Schulter und Gas im Vergleich zu Messwerten für eine exemplarische Fahrt aus den Feldversuchen im Güterfernverkehr. Zur Grobklassifizierung der Fahrsituation ist im oberen Zeitschrieb der Geschwindigkeitsverlauf hinterlegt. Für die Gürtelkantentemperatur liegen messkonzeptbedingt bei den Fahrten aus dem Feldversuch im Güterfernverkehr keine Messwerte vor. Abbildung 5.6 zeigt einen entsprechenden Vergleich zwischen Simulation und Messung für eine Fahrt mit dem Spezialmessfahrzeug im Zuge der Rollwiderstandsmessungen auf der Straße. Hier ist eine gemessene Gürtelkantentemperatur vorhanden. Es fehlen die Vergleichswerte für die Laufflächentemperatur.

Aus Abbildung 5.5 und Abbildung 5.6 ist eine gute Übereinstimmung der simulierten mit den gemessenen Größen ersichtlich. Sowohl die einzelnen Temperaturniveaus als auch die transienten Auf- und Abkühlphasen werden qualitativ und quantitativ richtig abgebildet. Die Fahrt in Abbildung 5.6 ähnelt der bereits in Abbildung 4.13 diskutierten Messfahrt. Auch die dort diskutierten Temperaturänderungen in Folge des Fahrtrichtungswechsels zu Mitte der Messfahrt werden vom thermischen Reifenmodell sehr gut getroffen.

Die in Abbildung 5.5 und Abbildung 5.6 gezeigten Messfahrten waren beide Teil des Datenkollektivs, welches auch für die Parametrierung des thermischen Reifenmodells nach Kap. 5.2.2 verwendet wurde. Die vergleichsweise gute Übereinstimmung ist unter Berücksichtigung der recht anspruchsvollen Optimierungsaufgabe dennoch nicht selbstverständlich.

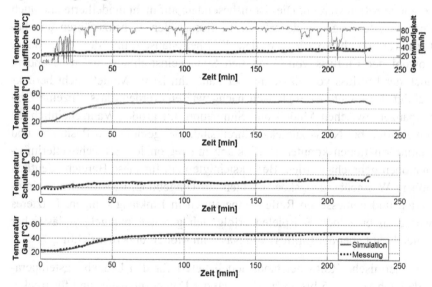

Abbildung 5.7: Gemessene und simulierte Reifentemperaturen über der Zeit für einen Validierungsdatensatz

Abbildung 5.7 zeigt im Sinne einer tatsächlichen Modellvalidierung die Modellierungsgüte des thermischen Reifenmodells für einen exemplarischen Datensatz einer Fahrt aus den Feldversuchen im Güterfernverkehr, der nicht

Teil der Trainingsdaten im Zuge der Modellparametrierung war. Auch hier zeigt sich eine gute Übereinstimmung.

Bei einigen Fahrten zeigt sich, dass insbesondere während längerer Standzeiten das Abkühlverhalten nicht ganz getroffen wird. Das Phänomen ist auch bei der Gastemperatur in Abbildung 5.5 erkennbar. Als Ursache werden der nicht explizit modellierte Wärmeaustausch über die Felge in Verbindung mit dem einfachen Ansatz zur Berücksichtigung des Geschwindigkeitseinflusses auf den Wärmeaustausch mit der Umgebung vermutet. Diese kleinen Abweichungen werden in Kauf genommen, zumal vorwiegend im Stand auftretende Effekte bezogen auf Verbrauch und Emissionen nicht relevant sind. Die meisten anderen Fahrten zeigen eine ähnliche Ergebnisqualität wie die drei gezeigten Beispiele. Es darf nicht verheimlicht werden, dass es auch Messfahrten gibt, die vom thermischen Reifenmodell abschnittsweise nicht so gut getroffen werden. Dies ist insbesondere auf nicht modellierte und auch über die Messungen nicht erfasste Einflussgrößen zurückzuführen und betrifft vermutlich vorwiegend den Wärmeaustausch mit der Umgebung. Sowohl der Einfluss von Wind und Sonneneinstrahlung als insbesondere auch der Einfluss von Nässe auf der Fahrbahn ist im Modell nicht berücksichtigt. Es konnte exemplarisch nachgewiesen werden, dass einzelne Diskrepanzen zwischen Modell und Simulation mit großer Wahrscheinlichkeit auf Fahrten bei Nässe zurückzuführen sind. Die gemessenen Positions- und Zeitinformationen konnten in Einklang mit regionalen Schlechtwetterinformationen gebracht werden. Berücksichtigte man für diese Bereiche deutlich höhere Wärmeübergangskoeffizienten zur Umgebung, ließen sich die simulierten und gemessenen Reifentemperaturen in Einklang bringen. Letzteres wurde an einzelnen Beispielen erfolgreich getestet, mangels verlässlicher Daten bleibt aber der Einfluss von Nässe im Modell unberücksichtigt.

Das thermische Rollwiderstandsmodell liefert für den Umgebungstemperaturbereich von ca. 5 bis 35 °C (Bereich der Datengrundlage) und für trockenen Fahrbahnzustand eine gute Prognosequalität hinsichtlich des rollwiderstandsrelevanten thermischen Zustands des Reifens. Für große Spreizungen zwischen Fahrbahn- und Umgebungstemperaturen kann keine Aussage gemacht werden, weil diesbezüglich die Datengrundlage sowohl zur Parametrierung als auch zur Validierung fehlt.

Der Reifen ist kein homogener Körper. Dennoch wurden im Zuge der Plausibilisierung des thermischen Reifenmodells die über die Optimierung zu identifizierenden thermischen Massen bzw. Wärmekapazitäten C_i jeweils entsprechend Gl. 5.8 durch ein Produkt einer mittleren spezifischen Wärmekapazität c_i und einer Masse m_i ersetzt. Für die mittleren spezifischen Wärmekapazitäten c_i wurden Literaturwerte für Gummi bzw. Luft angesetzt. Das Optimierungsergebnis zeigt eine für das Gesamtrad plausible Gesamtmasse von ca. 100 kg mit einer weitgehend plausiblen Massenverteilung. Auch dieses Ergebnis deutet darauf hin, dass auch die vom Optimierer bestimmten Wärmekapazitäten C_i die Temperaturdynamik plausibel wiedergeben.

5.3 Temperaturabhängigkeit des Rollwiderstandes

Der thermische Reifenzustand lässt sich nach Kap. 5.2 gut über die vier Zustandsgrößen Gas-, Gürtelkanten-, Lauffflächen- und Schultertemperatur beschreiben. Dieses Teilkapitel widmet sich dem Zusammenhang zwischen dem thermischen Reifenzustand und dem daraus resultierenden Rollwiderstand. Hierzu werden die einzelnen Messfahrten mit dem Spezialmessfahrzeug analysiert, siehe Kap. 4.3. Der Vollständigkeit halber sei angemerkt, dass die Lauffflächentemperatur bei diesen Messungen nicht als Messgröße vorhanden ist. Sie kann aber über das thermische Reifenmodell aus den vorhandenen Messgrößen bestimmt werden und stünde theoretisch für die gesuchte Korrelation mit dem Rollwiderstand zur Verfügung.

Der Fokus der Analyse liegt insbesondere auf den Bereichen der transienten Reifenerwärmung (und -abkühlung) bei den Messungen auf der Autobahn mit konstanter Geschwindigkeit und nahezu konstanten Umgebungsbedingungen, siehe Abbildung 4.13. Ein paarweiser Vergleich des dynamischen Verlaufes der einzelnen Temperaturen mit der transienten Entwicklung des Rollwiderstandes zeigt, dass es keinen direkten linearen Zusammenhang einer einzelnen Temperatur mit dem Rollwiderstand gibt. Auch Linearkombinationen aus den Temperaturen lassen sich nicht zufriedenstellend mit dem Rollwiderstand korrelieren. Somit ist der gesuchte Zusammenhang – erwartungsgemäß – nichtlinear.

Da insgesamt nur wenige auswertbare Messungen für die gesuchte Korrelation zur Verfügung stehen, ist ein möglichst pragmatischer Ansatz zielführend, bei dem insbesondere nicht alle vier verfügbaren Reifenzustände in die Korrelation eingehen. Bei entsprechender Datenbasis kann die gefundene Korrelation (s. u.) jederzeit durch einen detaillierteren Ansatz ersetzt werden.

Systematische Voruntersuchungen haben die Annahme bestätigt, dass sich Gürtelkanten- und Schultertemperatur gut mit dem Rollwiderstand korrelieren lassen. Der Annahme liegen folgende Überlegungen zugrunde:

■ Rollwiderstand entsteht im Reifenkern aufgrund von viskoelastischem Materialverhalten unter dem Einfluss von Deformation. Die Gürtelkante ist der Bereich, der beim Abrollen am meisten deformiert wird. Die Gürtelkantenthermoelemente wurden in den Reifen einvulkanisiert und spiegeln die thermischen Verhältnisse im Reifeninneren unter dem Einfluss unterschiedlicher Betriebsbedingungen am besten wider.

■ Die Schultertemperatur ist eine Oberflächeneigenschaft. Der Schulterbereich steht als Teil der Seitenfläche in direktem Wärmeaustausch mit der Umgebung (Konvektion und Wärmestrahlung). Die verfügbare Datenbasis der Rollwiderstandsmessungen zeigt eine enge Korrelation zwischen Fahrbahntemperatur und Umgebungstemperatur, so dass die Schultertemperatur in guter Näherung den Einfluss der Umgebungsbedingungen widerspiegelt.

■ Gürtelkanten- und Schultertemperaturen repräsentieren den für den Rollwiderstand relevanten thermischen Zustand des Reifens in guter Näherung.

Gesucht ist somit ein nichtlinearer Zusammenhang zwischen der Gürtelkanten- und der Schultertemperatur mit dem sich aus dem thermischen Reifenzustand ergebenen Rollwiderstand.

$$T_{\text{Gürtel}}(t_m),\ T_{\text{Schulter}}(t_m),\ f_R(t_m)$$

$$\rightarrow \left(T_{\text{Gürtel}_m},\ T_{\text{Schulter}_m},\ f_{R_m} \right) \qquad \text{Gl. 5.20}$$

$$m = 1..n$$

Nach Gl. 5.20 werden die diskreten Zeitverläufe aus den Messungen in diskrete und zum gleichen Zeitstempel t_m gehörende Wertetripel überführt. Dabei ist $T_{Gürtel}$ die Gürtelkantentemperatur, $T_{Schulter}$ die Schultertemperatur und f_R der Rollwiderstandsbeiwert.

Alle Wertetripel aus allen verwertbaren Messungen werden einem Optimierer zugeführt. Viele sich an einen stationären Wert oder Gleichgewichtszustand annähernde physikalische Vorgänge können durch einen exponentiellen Verlauf der physikalischen Größe beschrieben werden. Zur Approximation der nichtlinearen Zusammenhänge wird daher sowohl für den Einfluss der Gürtelkantentemperatur als auch für den Einfluss der Schultertemperatur eine Exponentialfunktion angenommen. Als Ansatzfunktion für den Rollwiderstandsbeiwert $f_R(T_{Gürtel}, T_{Schulter})$ ergibt sich eine Flächenbeschreibung mit fünf freien Parametern a_0 bis a_4 nach Gl. 5.21.

$$f_R(T_{Gürtel}, T_{Schulter}) = a_0 + a_1 \cdot e^{a_2 \cdot T_{Gürtel}} + a_3 \cdot e^{a_4 \cdot T_{Schulter}} \qquad \text{Gl. 5.21}$$

Als Zielfunktion für den Optimierer wird das Residuum res verwendet. Es ist nach Gl. 5.22. die mit einer Gewichtungsfunktion ω_m multiplizierte Summe aller Fehlerquadrate zwischen Approximationsergebnis und Messwert.

$$\text{res} = \sum_m \omega_m \cdot \left[f_R\left(T_{Gürtel_m}, T_{Schulter_m}\right) - f_{R_m} \right]^2 \qquad \text{Gl. 5.22}$$

Über die Gewichtungsfunktion ω_m wird gesteuert, dass die für die Korrelation wichtigen Bereiche bei der Optimierung hinreichend berücksichtigt werden, auch wenn sie anteilig in den Wertetripeln unterrepräsentiert sind. Hier sind insbesondere die Bereiche zu nennen, in denen sich die Temperaturen und der Rollwiderstand mit großen Gradienten ändern und entsprechend weniger die häufiger vorkommenden Bereiche nahe des thermischen Gleichgewichts, siehe Abbildung 4.13.

Zur Lösung wird derselbe evolutionäre Algorithmus (CMA-ES) für nichtlineare Optimierungsprobleme eingesetzt [40, 44], der auch schon in Kap. 5.2 verwendet wurde.

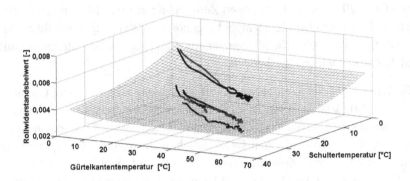

Abbildung 5.8: Rollwiderstandsbeiwert über Gürtelkanten- und Schultertemperatur

Abbildung 5.8 zeigt das Optimierungsergebnis. Aufgetragen sind die aus den
Messungen bestimmten Rollwiderstandsbeiwerte f_{R_m} über den gemessenen
Gürtelkanten- und Schultertemperaturen aller verwertbaren Messungen so-
wie der daraus approximierte Zusammenhang $f_R(T_{Gürtel}, T_{Schulter})$ in Form
der dargestellten Fläche. Die einzelnen Verläufe repräsentieren jeweils eine
Messung, die im Bereich kleinerer Temperaturen und höherer Rollwider-
standsbeiwerte beginnen und sich über der Messdauer in den Bereich höherer
Temperaturen und niedrigerer Rollwiderstandsbeiwerte entwickeln.

Zur Erhöhung der Übersichtlichkeit und zur Diskussion einzelner Einflüsse
wird das Optimierungsergebnis in Abbildung 5.9 und Abbildung 5.10 jeweils
ausgewählten Messungen gegenübergestellt. Die Inhalte aus Abbildung 5.9
und Abbildung 5.10 sind jeweils Teilmengen der Inhalte von Abbildung 5.8.
Die dargestellten Flächen sind identisch und entsprechen dem Optimierungs-
ergbnis aus Gl. 5.20 bis Gl. 5.22. Abbildung 5.9 zeigt den Einfluss der Umgebungstemperatur. Dargestellt sind drei Messungen, gefahren zu unterschiedlichen Jahreszeiten bei ansonsten konstanten bzw. vergleichbaren Bedingungen. Es ist deutlich zu erkennen, dass kältere Umgebungstemperaturen
sowohl die Gürtelkanten- als auch die Schultertemperatur beeinflussen und
einen entsprechend höheren Rollwiderstand verursachen.

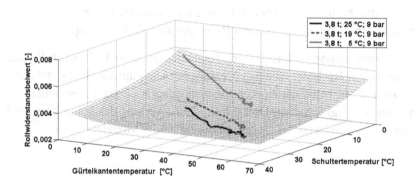

Abbildung 5.9: Rollwiderstandsbeiwert über Gürtelkanten- und Schulter-temperatur, Einfluss der Umgebungstemperatur

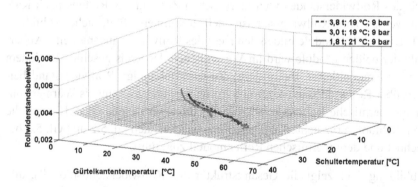

Abbildung 5.10: Rollwiderstandsbeiwert über Gürtelkanten- und Schulter-temperatur, Einfluss der Radlast

Abbildung 5.10 zeigt den Einfluss der Radlast. Dargestellt sind drei Messungen, gefahren mit verschiedenen Radlasten bei ähnlichen Umgebungstemperaturen und überdies vergleichbaren Bedingungen. Verglichen mit den Messungen aus Abbildung 5.9 liegen die drei Messungen näher beieinander. Bei genauer Betrachtung zeigt sich aber auch hier ein systematischer Zusammenhang. Höhere Radlasten führen zu erhöhter Deformationsarbeit, entsprechend ist der thermische Energieeintrag in den Reifen größer, was sich insbesondere durch ein etwas höheres Temperaturniveau im thermischen Gleichgewicht verbunden mit geringerem Rollwiderstandsbeiwert zeigt.

Eine weitergehende Diskussion der Temperaturabhängigkeit des Rollwiderstandes ist auf Basis der wenigen Messungen nicht sinnvoll. Wie gut der Ansatz nach Gl. 5.21 und der aus den Messungen approximierte Zusammenhang dennoch ist, zeigt Kap. 5.4. Dort erfolgt die Bewertung des kompletten Rollwiderstandsmodells nach Zusammenführung beider Module.

5.4   Rollwiderstandsmodell

Das thermische Reifenmodell nach Kap. 5.2 sowie die modelliert Abhängigkeit des Rollwiderstandes vom thermischen Zustand des Reifens nach Kap. 5.3 werden zum Rollwiderstandsmodell zusammengefügt, siehe Abbildung 5.1. Die beiden Module bilden den Kern des Rollwiderstandsmodells. Außerhalb der beiden Module wird im Wesentlichen der Kreis geschlossen, indem der vom modellierten thermischen Zustand abhängige Rollwiderstandsbeiwert über Rollwiderstandskraft und Rollwiderstandsleistung als Wärmestrom in das thermische Reifenmodell zurückgeführt wird, siehe Gl. 5.1. Auch die vom Schlupf verursachten Wärmeströme werden nach Gl. 5.2 und Gl. 5.3 berechnet und dem thermischen Reifenmodell zugeführt.

Abbildung 5.11 zeigt die Gesamtstruktur des Rollwiderstandsmodells, alle Ein- und Ausgänge sowie den prinzipiellen Informationsfluss zwischen den einzelnen Modellbestandteilen. Der Inhalt der beiden Module Thermisches Reifenmodell sowie Temperatur-Rollwiderstandsmodell ist durch die vier thermischen Massen sowie durch das Kennfeld nur schematisch angedeutet. Die tatsächliche Struktur und Modellierung im Inneren der Module wurde in den vorangegangen Kapiteln detailliert beschrieben. Eingangsgrößen in das Rollwiderstandsmodell sind fahrprofil- und fahrzustandsbeschreibende Größen, fahrsituations- und beladungsabhängige Reifenkräfte sowie die Umgebungs- und Fahrbahntemperaturen. Ausgangsgröße ist die Rollwiderstandskraft. Gleichzeitig adressiert Abbildung 5.11 die Modularität des Rollwiderstandsmodells. Jedes der beiden Module kann problemlos durch einen alternativen oder erweiterten Ansatz ersetzt werden. Die Einbindung des

Rollwiderstandsmodells in ein ganzheitliches Reifenmodell sowie die Integration in eine Gesamtfahrzeugentwicklungsumgebung wird in Kap. 5.5 beschrieben. Anwendungsbeispiele des thermischen Reifenmodells diskutiert Kap. 6.

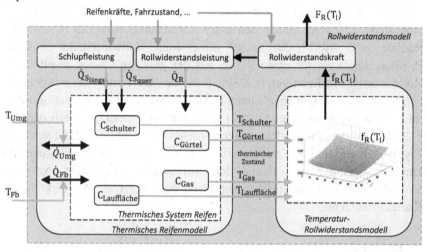

Abbildung 5.11: Gesamtstruktur des Rollwiderstandsmodells; modularer Aufbau

Im Folgenden soll zur Plausibilisierung des Rollwiderstandsmodells ein Abgleich mit Prüfstandsmessungen nach ISO 28580 [46] erfolgen. Gleichzeitig wird anhand des Modells die Sensitivität relevanter Einflussgrößen auf den Rollwiderstand diskutiert. Die folgenden Betrachtungen beziehen sich immer auf den thermischen Gleichgewichtszustand des Reifens. Alle nicht variierten Größen entsprechen den durch die Norm ISO 28580 vorgegebenen konstanten Randbedingungen. Entsprechend erfolgt kein Eintrag von Schlupfleistung. Alle Ergebnisse beziehen sich auf den Trailerachsreifen Continental EcoPlusHT3 385/65 R22.5.

Abbildung 5.12 zeigt den Einfluss der Umgebungstemperatur auf den Rollwiderstandsbeiwert für verschiedene Radlasten im thermischen Gleichgewichtszustand. Die Geschwindigkeit beträgt 80 km/h, die Fahrbahntemperatur entspricht der Umgebungstemperatur. Es zeigt sich ein deutlicher, zu kleineren Temperaturen hin sich verstärkender Einfluss der Umgebungstemperatur auf den Rollwiderstandsbeiwert. Je kälter die Umgebungstemperatur, je größer wird die Temperaturdifferenz und der an die Umgebung abgeführte Wärmestrom durch Konvektion. Entsprechend kühler ist der thermische Gleichgewichtszustand des Reifen und größer der Rollwiderstand. Mit zunehmender Radlast wird mehr Walkarbeit verrichtet, entsprechend erwärmt sich der Reifen mehr, entsprechend geringer ist der Rollwiderstand. Abbildung 5.12 zeigt zudem den unter Normbedingungen (25 °C; 37,5 kN Radlast ≈ 85 % LI; 80 km/h) gemessenen Rollwiderstand. Aus der Prüfstandsmessung für einen Reifen aus der gleichen Charge resultiert ein Rollwiderstandsbeiwert von 0,00399, [12]. Der Wert korreliert mit dem aus den Straßenmessungen abgeleiteten Modell, obwohl diese Information weder im Korrelationsansatz nach Gl. 5.21 noch explizit in der Datenbasis nach Gl. 5.20 zur Optimierung berücksichtigt wurden. Die Norm ISO 28580 sieht eine Ergebniskorrektur im Temperaturfenster von 20-30 °C vor, wenn die Umgebungstemperatur während der Prüfstandsmessung nicht exakt der Vorgabe von 25 °C entspricht. Abbildung 5.12 zeigt die Auswirkung des Korrekturansatzes.

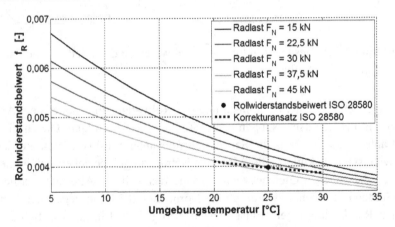

Abbildung 5.12:   Rollwiderstandsbeiwert in Abhängigkeit der Umgebungstemperatur für verschiedene Radlasten

Abbildung 5.12 zeigt auch, dass die modellierte Umgebungstemperaturabhängigkeit im Vergleich zum Korrekturansatz größer ist. Ein wesentlicher Unterschied zwischen Prüfstandsmessungen und Straßenmessungen ist der Einfluss des Fahrtwindes. Während auf dem Prüfstand die Umströmung des Reifens nur von der Rotation des Reifens und ggf. der Bewegung von Laufband oder Trommel abhängt, so wird die Umströmung des Reifens und damit die Wärmeabfuhr durch Konvektion während der Fahrt auf der Straße maßgeblich durch den Fahrtwind beeinflusst. Somit ist der modellierte, gegenüber der Korrekturformel größere Umgebungstemperatureinfluss durchaus plausibel.

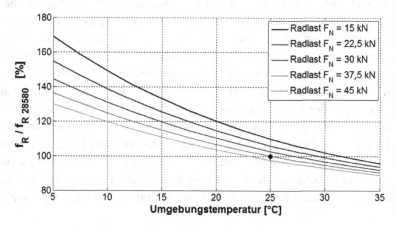

Abbildung 5.13: Rollwiderstandsbeiwert bezogen auf den Norm-Rollwiderstandsbeiwert in Abhängigkeit der Umgebungstemperatur für verschiedene Radlasten

Abbildung 5.12 zeigt den Rollwiderstandsbeiwert als absolute Größe. Einige der energetischen Betrachtungen in Kap. 6 diskutieren den jeweiligen Einfluss auf den Rollwiderstand f_R auch relativ, d. h. in Bezug auf den nach Norm ISO 28580 bestimmten, konstanten Rollwiderstandsbeiwert f_{R28850}. Das Verhätnis f_R / f_{R28850} in Prozent gibt an, um wieviel der tatsächliche situationsabhänige Rollwiderstandsbeiwert von dem für genau einen Betriebspunkt gültigen Norm-Rollwiderstandsbeiwert abweicht. Abbildung 5.13 führt diese relative Größe ein und zeigt die identischen Daten aus Abbildung 5.12 mit normierter Ordinate. Der unter Normbedingungen gemessene Betriebspunkt (gekennzeichnet durch den schwarzen Punkt in Abbildung 5.13) entspricht der Bezugsgröße und hat somit den Wert 100 %.

Aus Abbildung 5.13 wird deutlich, dass es durchaus Betriebspunkte des Reifens gibt, in denen (auch im thermischen Gleichgewicht) der Rollwider-

standsbeiwert um 50 % und mehr von dem Rollwiderstandsbeiwert abweicht,
der unter Normbedingungen gemessen wird.

Abbildung 5.14 zeigt die zu den in Abbildung 5.15 und Abbildung 5.16 gezeigten Einflüssen auf den Rollwiderstandsbeiwert korrelierenden Reifentemperaturen von Schulter (links) und Gürtelkante (rechts) im thermischen
Gleichgewichtszustand des Reifens, jeweils in Abhängigkeit der Umgebungstemperatur und bei Variation der Radlast. Es zeigt sich, dass die Schultertemperatur im thermischen Gleichgewichtszustand des Reifens jeweils
näherungsweise linear von der Umgebungstemperatur und von der Radlast
abhängt. Die Gürtelkantentemperatur ist auf höherem Temperaturniveau
nicht linear von der Umgebungstemperatur abhängig; der Einfluss der Radlast auf die Gürtelkantentemperatur ist ausgeprägter, jeweils im Vergleich
zum Einfluss der Schultertemperatur. Der radlastabhängige Energieeintrag
durch die Walkarbeit erwärmt zunächst die Gürtelkante. Ein Teilwärmestrom
wird über die Schulter an die Umgebung transferiert. Entsprechend hat die
Schulter Temperaturen zwischen Gürtelkanten- und Umgebungstemperatur.

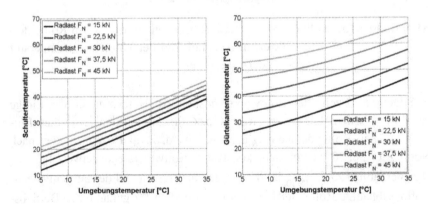

Abbildung 5.14: Schulter- und Gürtelkantentemperatur in Abhängigkeit der
Umgebungstemperatur für verschiedene Radlasten.

Abbildung 5.15 zeigt den Einfluss der Radlast auf den Rollwiderstandsbeiwert als prozentuale Abweichung vom Norm-Rollwiderstandsbeiwert
$f_{R_{28850}}$ bei verschiedenen Umgebungstemperaturen im thermischen Gleichgewichtszustand des Reifens bei 80 km/h. Die prinzipiellen Zusammenhänge
wurden prinzipiell bereits in Bezug auf Abbildung 5.12 diskutiert. Bemer-

kenswert ist die gute Übereinstimmung des Rollwiderstandsmodells mit einem häufig in der Literatur [66, 75, 8] zu findenden Ansatz zur Beschreibung des Einflusses der Radlast auf den Rollwiderstandsbeiwert, siehe Gl. 3.6. Auch diese Information wurde weder im Korrelationsansatz nach Gl. 5.21 noch in der Datenbasis zur Optimierung nach Gl. 5.20 berücksichtigt.

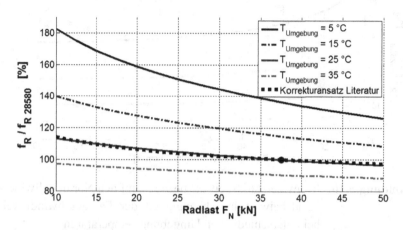

Abbildung 5.15: Rollwiderstandsbeiwert bezogen auf den Norm-Rollwiderstandsbeiwert in Abhängigkeit der Radlast bei unterschiedlichen Umgebungstemperaturen

Abbildung 5.16 zeigt schließlich den Einfluss der Fahrgeschwindigkeit auf den Rollwiderstandsbeiwert als prozentuale Abweichung vom Norm-Rollwiderstandsbeiwert $f_{R 28850}$ bei verschiedenen Umgebungstemperaturen im thermischen Gleichgewichtszustand des Reifens für die den Normbedingungen entsprechende Radlast von 37,5 kN. Es zeigt sich insbesondere für geringe Geschwindigkeiten einer Erhöhung der Werte, die hin zu geringeren Umgebungstemperaturen deutlicher ausfällt. Bei niedrigen Geschwindigkeiten ist der Eintrag von Wärme aus der Rollwiderstandsleistung in den Reifen entsprechend geringer. Der thermische Gleichgewichtszustand stellt sich bei geringeren Temperaturen ein, es folgt ein höherer Rollwiderstand. Der Effekt wird durch niedrige Umgebungstemperaturen verstärkt.

Das Rollwiderstandsmodell zeigt für den thermischen Gleichgewichtszustand unter Variation relevanter Einflussgrößen auf den Rollwiderstand qualitativ und quantitativ plausible Ergebnisse sowie eine perfekte Überstimmung für den Norm-Rollwiderstandsbetriebspunkt.

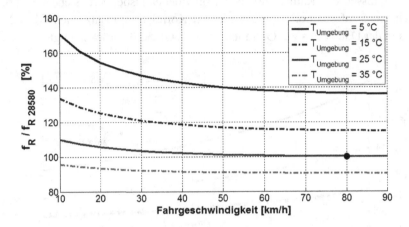

Abbildung 5.16: Rollwiderstandsbeiwert bezogen auf den Norm-Rollwiderstandsbeiwert in Abhängigkeit der Fahrgeschwindigkeit bei unterschiedlichen Umgebungstemperaturen

5.5   Einbindung in die Entwicklungsumgebung

Das Rollwiderstandsmodell ist vollständig in die vorhandene Entwicklungsumgebung zur Identifikation und Quantifizierung von rollwiderstandsrelevanten Einflussgrößen eingebunden, [51-54].

Abbildung 5.17 zeigt die Gesamtstruktur der Einbindung des Rollwiderstandsmodells über das Reifenmodell in ein Gesamtfahrzeugmodell sowie den reifenkraftrelevanten Informationsfluss zwischen den einzelnen Modulen und Modellen. Eingangsgrößen sind die strecken- und fahrprofilbeschreibenden Größen sowie die Beladungssituation und die Temperaturverläufe von Fahrbahn und Umgebung. Das Fahrzeugmodell ist ein generisches Sattelzug-Gesamtfahrzeugmodell, dass in Aufbau und Parametrierung den Lastzügen aus den Feldversuchen (siehe Kap. 4.2) ähnelt und somit einen typischen Fernverkehrszug repräsentiert.

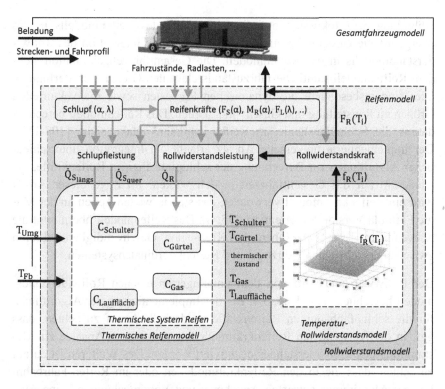

Abbildung 5.17: Struktur der Gesamtfahrzeugentwicklungsumgebung mit Fokus auf der Integration des Rollwiderstandsmodells

Die Modellierung des Fahrzeugmodells erfolgt in einem Mehrkörpersimulationsprogramm, das über eine Co-Simulation in eine Gesamtsystementwicklungsumgebung eingebunden ist. Neben der Bereitstellung und Übergabe von Eingangsgrößen werden auch sämtliche Auswertungen (u. a. energetische Bilanzierungen) von der übergeordneten Entwicklungsumgebung sowie einzelne Teilmodelle (insbesondere Fahrer- und Luftfedermodell) bereitgestellt. Die Entwicklungsumgebung ist in [51-54] beschrieben und kann als wieterer, dem Gesamtfahrzeugmodell übergeordnete Block angesehen werden (in Abbildung 5.17 nicht dargestellt). Das Gesamtfahrzeugmodell wurde ganzheitlich mit Fokus auf seinen längs- und querdynamischen Fahreigenschaften validiert.

Abbildung 5.17 fokussiert auf die Einbindung des Reifenmodells in das übergeordnete Gesamtfahrzeugmodell sowie auf die Integration des Rollwiderstandmodells in das Reifenmodell. Die Gesamtfahrzeugsimulation stellt dem Reifenmodell sämtliche fahrzustandsrelevanten Größen zur Verfügung. Dies sind insbesondere die dynamischen Radlasten sowie die vektoriellen Größen zu Radstellung und Geschwindigkeiten. Das Reifenmodell berechnet daraus die Schlupfzustände im Reifen-Fahrbahnkontakt, siehe [108-112]. Der implementierte universelle Ansatz erlaubt die Integration unterschiedlicher Algorithmen zur Berechnung der schlupfabhängigen Reifenkräfte, die wiederum auf das Gesamtfahrzeugmodell wirken. Im Zuge dieser Arbeit wird ein Reifenkraftmodell verwendet, das sich in weiten Teilen an der Magic Formula Version 5.2 orientiert, [75, 8]. Das Reifenmodell übernimmt die notwendigen Transformationen der Kraft- und Geschwindigkeitsvektoren zwischen den einzelnen Fahrzeug- und Reifenkoordinatensystemen.

Der Rollwiderstand wird von dem unterlagerten eigenen Rollwiderstandsmodell berechnet, siehe Kap. 5.4. Bei der Implementierung der Algorithmen für die schlupfabhängigen Reifenkräfte ist deshalb darauf zu achten, dass ggf. in den verwendeten Reifenkraftmodellen vorhandene Ansätze zur Bestimmung des Rollwiderstandes deaktiviert werden. Des Weiteren ist darauf zu achten, dass die in den Reifenkraftmodellen oder im Reifen-Fahrbahnkontakt-Algorithmus getroffen Annahmen und Vereinfachungen keine Auswirkungen auf die exakte energetische Bilanzierung haben. In der Regel wird über Leistungen bilanziert. Vereinfachungen in der Berechnung der Kraft- oder Geschwindigkeitsvektoren oder der Kraftangriffspunkte, die für die Handlingsimulation keinen nennenswerten Einfluss haben, können bei der Bestimmung der energetischen Größen mit Fokus auf Rollwiderstand sehr wohl ergebnisverfälschenden Einfluss haben.

Mit der vollständigen Implementierung des thermischen Rollwiderstandsmodells in eine Gesamtfahrzeugsimulationsumgebung steht ein mächtiges Entwicklungswerkzeug für die Identifikation und Quantifizierung von rollwiderstandsrelevanten Einflussgrößen zur Verfügung. Es können in Abhängigkeit gemessener oder synthetischer Betriebs- und Umgebungsbedingungen dynamische Rollwiderstandsverläufe prognostiziert und einer energetischen Bewertung zugeführt werden.

6 Ergebnisse

Die Gesamtfahrzeugsimulationsumgebung mit dem im Rahmen dieser Arbeit vorgestellten transienten thermischen Rollwiderstandsmodell ermöglicht eine Vielzahl detaillierter energetischer Betrachtungen:

▪ Bewertung realer oder synthetischer Fahr- und Beladungsprofile, z. B. unter Variation von Umgebungsbedingungen, siehe Kap. 6.1

▪ Bewertung und Vergleich repräsentativer Fahr-, Strecken- und Beladungsprofile, z. B. unter Berücksichtigung speditionsspezifischer Ausprägungen, siehe Kap. 6.2

▪ Bewertung unterschiedlicher Bereifung, siehe Kap. 6.3

▪ Bewertung unterschiedlicher Fahrzeugkonfigurationen, z. B. Einfluss von Liftachsen, siehe [73]

▪ Bewertung zur optimalen Positionierung der Nutzlast, siehe [73]

▪ Untersuchung des Einflusses von Nachlauflenkachsen

▪ Bewertung des Fahrereinflusses und des Einflusses von Fahrerassistenzsystemen

▪ u.v.m

Die genannten Untersuchungsschwerpunkte lassen sich nahezu beliebig kombinieren und erweitern. Exemplarische Ergebnisse werden im Folgenden diskutiert.

Die vorgestellten Methoden und Modelle können sowohl im Rahmen der Fahrzeug- oder Reifenentwicklung eingesetzt als auch zur Ableitung von speditions- oder dispositionsunterstützenden Algorithmen und Prognosewerkzeugen weiterentwickelt werden.

© Springer Fachmedien Wiesbaden GmbH, ein Teil von Springer Nature 2018
J. Neubeck, *Thermisches Nutzfahrzeugreifenmodell zur Prädiktion realer Rollwiderstände*, Wissenschaftliche Reihe Fahrzeugtechnik Universität Stuttgart, https://doi.org/10.1007/978-3-658-21541-5_6

6.1 Energetische Bewertung konkreter Fahrprofile

Der unter realen Bedingungen wirksame und für den tatsächlichen Verbrauch relevante Rollwiderstand kann im Fernverkehrsalltag nicht gemessen werden. Die Simulation einer konkreten Fahrt mithilfe der vorgestellten Modelle ermöglicht eine realistische Prognose des thermischen Reifenzustandes und des Rollwiderstands an allen Rädern. Abbildung 6.1 zeigt Simulationsergebnisse einer konkreten Fahrt der Spedition 1 (siehe Anhang A1).

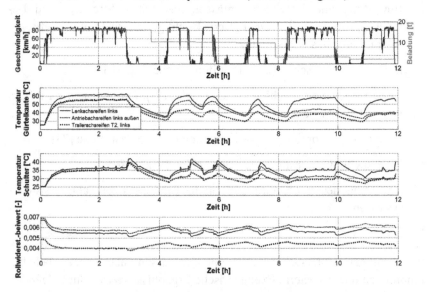

Abbildung 6.1: Fahrprofil und Simulationsergebnisse zu einer konkreten Fahrt aus dem Feldversuch mit den Speditionen

Abbildung 6.1 oben zeigt den real gemessenen und in der Simulation reproduzierten Geschwindigkeitsverlauf einer Tagestour über 12 Stunden. Die Fahrt ist geprägt durch mehrere Unterbrechungen, in denen auch Beladungswechsel stattgefunden haben. Die Beladung und Beladungsschwerpunktsposition wurden anhand der gemessener Achslasten, der Fahrzeuggeometrie und bekannter Leergewichte etc. geschätzt. Abbildung 6.1 oben zeigt über die rechte Ordinate auch den Verlauf der Beladungsschätzung. Sie nimmt über der Fahrtdauer sukzessive von ca. 16 t auf ca. 2 t ab. Neben der Beladung und dem Geschwindigkeitsverlauf wird in der Simulation auch der reale Streckenverlauf inklusive Höhenprofil berücksichtigt (ohne Abbildung). Abweichend von den realen Bedingungen wurde eine Umgebungstemperatur von konstant 25 °C angesetzt, um ein Referenzszenario für eine Untersuchung zum Einfluss der Umgebungstemperatur auf diese konkrete Fahrt zu definieren, siehe weiter unten. Abbildung 6.1 zeigt in den mittleren beiden Zeitschrieben die sich über das thermische Rollwiderstandsmodell ergebenen Temperaturprognosen. Die Gürtelkanten- sowie die Schultertemperatur definieren nach Kap. 5.2 den für den Rollwiderstand relevanten thermischen Zustand des Reifen in Abhängigkeit der realen bzw. definierten Betriebs- und Umgebungsbedingungen. Abgebildet sind die Temperaturverläufe für je einen Reifen der Lenkachse, der Antriebsachse und der mittleren Trailerachse. Für die anderen Reifen ergeben sich achsweise sehr ähnliche Temperaturverläufe. Die verbaute Liftachse an der ersten Trailerachse war während der ganzen Zeit angehoben. Deutlich zu erkennen ist, wie sich die Reifen entsprechend den Geschwindigkeitsverläufen und Standzeiten aufwärmen und abkühlen. Zu Beginn jeder Standzeit erwärmt sich die Reifenschulter zunächst. Der Bereich erfährt aus dem Reifeninneren zunächst weiterhin eine Wärmezufuhr, während die Wärmeabfuhr durch den im Stand nicht mehr vorhandenen Fahrtwind nicht mehr in gleichem Maße gegeben ist. Gut zu erkennen ist weiterhin, dass der sich zum Ende jedes Fahrtabschnittes einstellende thermische Gleichgewichtszustand erwartungsgemäß deutlich von der Beladung abhängig ist. Die Temperaturen an der Antriebsachse und an der Trailerachse nehmen entsprechend der sukzessive reduzierten Beladung deutlich ab, während sich die Lenkachse durch das weitgehend beladungsunabhängige Fahrzeuggewicht auf der Vorderachse weiterhin auf einem vergleichbare Temperaturniveau bewegt. Gut zu sehen ist auch, dass die Temperaturen an der Lenkachse über den Temperaturen an Antriebsachse und Trailerachse liegen. Das ist zum Teil durch die Tatsache begründet, dass sich die Achslast an der Antriebsachse auf vier Reifen, die Traileraggregatslast über vier Räder an zwei Achsen verteilt, während die beiden Lenkachsreifen anteilig eine höhere Radlast tragen und sich damit auch stärker erwärmen. Des Weiteren sind die Räder der Lenkachse durch ein Radhaus stärker abgeschirmt als an Triebachse und Trailerachsen. Effekte aus Querschlupf sind ebenfalls enthalten, aber vermutlich sekundär. Abbildung 6.1 unten zeigt die aus dem thermischen Zustand des Reifens und dem Temperatur-Rollwiderstandsmodell nach Kap. 5.3 resultierenden transienten Rollwiderstandsbeiwertprognosen für die betrachteten drei Reifen. Natürlich spiegeln sich die anhand der Temperaturen diskutierten Effekte auch in den transienten Verläufen der Rollwiderstandsbeiwerte wider. So zeigt sich z. B. der Einfluss der unterschiedlichen beladungsabhängigen Radlasten beim Antriebs- und Trailerachsreifen deutlich. Eine Abnahme der mittleren Radlasten führt zu weniger Walkarbeit, einem reduzierten Wärmeeintrag ins viskoelastische Materialgefüge und letztlich zu einer Erhöhung der Rollwiderstandsbeiwerte. Gut zu erkennen sind auch die unterschiedlichen Grundniveaus der Rollwiderstandsbeiwerte von Lenkachs-, Antriebsachs- und Trailerachsreifen bedingt durch die Unterschiede im konstruktiven Aufbau, der Reifengeometrie und Materialzusammensetzung. Es zeigt sich sehr deutlich, dass die Rollwiderstandsbeiwerte transiente und deutlich von den realen Betriebsbedingungen geprägte Größen sind.

	Anteiliger Streckenverbrauch [L/100 km]					
	Gesamtfahrzeug	**S1**	**D1**	**T1**	**T2**	**T3**
$BS_{Rowi, Temp.}$	8,10	0,40	0,07	0,20	0	0,07	0,07
$BS_{Rowi, Basis}$		7,70	2,27	2,68	0	1,37	1,37
$BS_{Radlager/Bremse}$	9,30	0,77	0,17	0,29	0	0,16	0,16
$BS_{Schlupf}$	1,19	0,19	0	0,19	0	0	0
$BS_{Kurve/Vorspur}$		0,23	0,06	0,07	0	0,03	0,07
$BS_{Luftwiderstand}$	11,83					
BS_{Bremse}	1,63					

$BS_{\Delta Höhe}$ -0,22 BS_{Gesamt} 22,53

Abbildung 6.2:   Energetische Auswertung einer konkreten Fahrt aus dem Feldversuch mit den Speditionen

In Abbildung 6.2 wird die gleiche Fahrt einer gesamtenergetischen Auswertung unterzogen. Die Abbildung zeigt eine tabellarische Ergebnisübersicht anteiliger Streckenverbräuche. Die Art der Abbildung wurde bereits in [51]

eingeführt. Zum einen sind die anteiligen Streckenverbräuche zeilenweise hinsichtlich ihrer ursächlichen Fahrwiderstandsanteile untergliedert. Der vom Rollwiderstand resultierende anteilige Streckenverbrauch wird in den ersten beiden Zeilen unterteilt in einen vom Basisrollwiderstand verursachten Anteil und in einen Korrekturfaktor, der sämtlich vom Basisrollwiderstand abweichende und durch den tatsächlichen thermischen Reifenzustand begründete Einflüsse berücksichtigt. Der Basisrollwiderstand entspricht dem nach ISO 28580 [46] definierten Referenz-Rollwiderstand $F_{R_{28580}}$, der sich unter den definierten Randbedingungen für genau einen Betriebspunkt im thermischen Gleichgewicht ergibt. In weiteren Zeilen sind die anteiligen Streckenverbräuche aus Schlupf, Kurven und Vorspurwiderstand, Luftwiderstand sowie die Verlustanteile aus Betriebsbremse bzw. Retarder aufgeführt. Ebenfalls berücksichtigt wird der sich aus der Höhendifferenz zwischen Fahrtbeginn und -ende resultierende anteilige Mehr- oder Minderverbrauch. Die Differenz entspricht der integralen Betrachtung der zur Überwindung der Steigungswiderstände verbrauchten und der aus der im Fahrzeug gespeicherten potentiellen Energie genutzten Anteile.

Zum anderen sind die anteiligen Streckenverbräuche in Abbildung 6.2 spaltenweise hinsichtlich ihrer lokalen Entstehung den einzelnen Fahrzeugachsen zugeordnet, sofern die Fahrwiderstandsanteile einzelnen Achsen (S1 für (erste) Lenkachse, D1 für (erste) Antriebsachse, T1 bis T3 für die Trailerachsen) zuordenbar sind. Weiterhin erfolgen in den mit Gesamtfahrzeug titulierten Spalten verschiedene summarische Betrachtungen, sowie rechts unten die Angabe zum streckenbezogenen Gesamtverbrauch.

Für die energetischen Auswertungen wurden Leistungen bilanziert und zu Arbeiten aufintegriert. Die Umrechnung der zur Überwindung der Fahrwiderstände aufgebrachten Arbeit in ein Kraftstoffverbrauchsäquivalent erfolgt stark vereinfacht in Anlehnung an Abbildung 1.2 über einen angenommenen Gesamtwirkungsgrad des Antriebstranges von 0,4. Es werden weder betriebs- und lastpunktabhängige Motorkennfelder noch gangspezifische Getriebewirkungsgrade etc. berücksichtigt.

Die gewählte Bilanzierungskonvention unterscheidet generell nicht zwischen einer in Sinne der Fahr- oder Transportaufgabe beabsichtigten Reduzierung der Geschwindigkeit und einer verkehrsbedingt aufgezwungenen Verzögerung. Nutzt der Fahrer die Fahrwiderstände ganz oder teilweise zur beabsichtigten Reduzierung der Geschwindigkeit, so könnten die entsprechenden Verlustanteile aus Rollwiderstand und Luftwiderstand als willkommene Bremsleistung aus der Bilanzierung der anteiligen Streckenverbräuche herausgenommen werden. Die Unterscheidung ist schwierig. Eine Unterscheidung würde die gewählte Darstellungsform weiter verkomplizieren. Die gewählte Bilanzierungskonvention bilanziert Rollwiderstand und Luftwiderstand über das gesamte Geschwindigkeitsprofil.

Für die konkrete Fahrt ergibt sich so ein prognostizierter Gesamtverbrauch von 22,53 L / 100 km. Verglichen mit üblichen Verbrauchsangaben für den Güterfernverkehr mit schweren Nutzfahrzeugen ist das relativ wenig. Neben den vereinfachenden Annahmen bei der Umrechnung in ein Kraftstoffverbrauchsäquivalent ist zu bedenken, dass im Rahmen des Projektes bezogen auf den Rollwiderstand sehr gute Reifen eingesetzt wurden und dass das Fahrzeug in dem konkreten Beispiel nur teil- bis kaum beladen unterwegs war. Zur Überwindung des Luftwiderstandes werden knapp 12 L / 100 km, zur Überwindung des Rollwiderstands 8,1 L / 100 km benötigt. Der Mehrverbrauch, der sich aus der Berücksichtigung des thermischen Reifenzustandes gegenüber dem Basisrollwiderstands ergibt, sind in dem konkreten Beispiel „nur" 0,4 L / 100 km. Das liegt zum einen daran, dass die gewählte Umgebungstemperatur von 25 °C dem Referenzbetriebspunkt nach ISO 28580 [46] entspricht und weiterhin (normkonform) hohe Konstantfahrtanteile um die 80 km/h im Geschwindigkeitsprofil enthalten sind. Zum anderen ist zu berücksichtigen, dass der generelle Anteil des Rollwiderstands am Gesamtverbrauch aufgrund der vergleichsweise geringen Beladung und der hinsichtlich Rollwiderstand guten Reifen tendenziell gering ausfällt, vergleiche Abbildung 1.2.

Betrachtet man dieselbe Fahrt bei 5 °C Umgebungstemperatur, so ergeben sich summarische und anteilige Streckenverbräuche nach Abbildung 6.3. Weiterhin enthält Abbildung 6.3 zu jedem anteiligen oder summarischen Streckenverbrauch eine Angabe zur absoluten Änderung der einzelnen Verbräuche bezogen auf eine Referenz. Als Referenz wurde die gleiche Fahrt nach Abbildung 6.1 und Abbildung 6.2 bei 25 °C Umgebungstemperatur gewählt. Bezogen auf den Gesamtstreckenverbrauch ergibt sich eine Erhöhung um 3,2 L / 100 km. Das entspricht in etwa 14 % Mehrverbrauch. Der Mehrverbrauch, der sich aus der Berücksichtigung des thermischen Reifenzustandes gegenüber dem Basisrollwiderstands ergibt, erhöht sich in dem konkreten Beispiel auf fast 3,8 L / 100 km. Das entspricht bezogen auf den Basisrollwiderstand einem Delta von über 50 %. Das bedeutet in anderen Worten, dass ohne Berücksichtigung der Einflüsse des thermischen Reifenzustands auf den Rollwiderstand der anteilige Streckenverbrauch zur Überwindung des Rollwiderstands um über 50 % falsch angesetzt worden wäre.

	Anteiliger Streckenverbrauch (sowie Änderung gegenüber Referenz) [L/100 km]						
	Gesamtfahrzeug		**S1**	**D1**	**T1**	**T2**	**T3**
BS Rowi, Temp.		3,78 (+3,37)	0,93 (+0,86)	1,38 (+1,18)	0 (±0)	0,74 (+0,67)	0,73 (+0,66)
BS Rowi, Basis	11,48 (+3,37)	7,70 (±0)	2,27 (±0)	2,68 (±0)	0 (±0)	1,37 (±0)	1,37 (±0)
BS Radlager/Bremse	12,70 (+3,40)	0,78 (±0)	0,17 (±0)	0,29 (±0)	0 (±0)	0,16 (±0)	0,16 (±0)
BS Schlupf	1,23 (+0,03)	0,22 (+0,03)	0 (±0)	0,22 (+0,03)	0 (±0)	0 (±0)	0 (±0)
BS Kurve/Vorspur		0,23 (±0)	0,07 (±0)	0,07 (±0)	0 (±0)	0,03 (±0)	0,07 (±0)
BS Luftwiderstand	11,83 (±0)						

BS Bremse: 1,42 (-0,21) BS $_{\Delta\text{Höhe}}$: -0,22 (±0) BS Gesamt: 25,73 (+3,20)

Abbildung 6.3: Energetische Auswertung: Fahrt bei 5 °C Umgebungstemperatur verglichen mit derselben Fahrt bei 25 °C Umgebungstemperatur (Referenz).

Bei genauerer Betrachtung von Abbildung 6.3 können auch Sekundäreffekte identifiziert werden. Der höhere Rollwiderstand führt dazu, dass zur Überwindung des Rollwiderstandes ein höheres Antriebsmoment benötigt wird. Somit erhöht sich auch der Schlupfverlust geringfügig. Auf der anderen Seite hilft der höhere Rollwiderstand in Verzögerungsphasen des Fahrzeuges. Der Vergleich in Abbildung 6.3 zeigt deutlich, dass die Umgebungstemperatur einen erheblichen Einfluss auf den Rollwiderstand hat.

Die entsprechende Betrachtung der konkreten Fahrt bei 15 °C Umgebungs-temperatur führt zu einem summarischen Streckenmehrverbrauch von etwa 1,3 L / 100 km, bei 35 °C Umgebungstemperatur zu einem Minderverbrauch von ca. 0,8 L / 100 km, jeweils bezogen auf die Referenz bei 25 °C.

6.2 Bewertung repräsentativer Fernverkehrsszenarien

Neben der energetischen Auswertung einzelner Fahrten analog zu Kap. 6.1 können auch ganze Fahrtkollektive einer entsprechenden Auswertung unter-zogen werden. Die Auswertung der realen Feldversuche mit den vier Spedi-tionen (siehe Kap. 4.2.2) hat gezeigt, dass die erhoffte Bandbreite an Be-triebs- und Umgebungsbedingungen in dem Gesamtkollektiv enthalten ist. Weiterhin konnten speditionsabhängig deutliche Unterschiede in den Ge-schwindigkeits- und Beladungsprofilen herausgearbeitet werden. Diese spe-ditionsabhängigen Kollektive werden nun einer energetischen Bewertung unterzogen.

Interessant sind z. B. die maximalen, minimalen und mittleren Streckenver-bräuche, die sich aus den unterschiedlichen speditionsabhängigen Fahrtkol-lektiven ergeben. Entsprechend dem Fokus der vorliegenden Arbeit werden dazu auch die Anteile des Rollwiderstands am Gesamtstreckenverbrauch in Abhängigkeit der Umgebungstemperaturen diskutiert.

Um nicht alle (über 200) Fahrten mit ca. 46.000 km Gesamtfahrstrecke mul-tipliziert mit der Anzahl an Variationen der Umgebungstemperatur in der Simulationsumgebung nachzufahren, wurde jeweils aus allen Fahrten einer Spedition unter Berücksichtigung der spezifischen Geschwindigkeits- und Beladungshistogramme (siehe Anhang A1) ein repräsentatives Kollektiv an Fahrten ausgewählt. Hierzu wurden zunächst für jede Spedition die Fahrten in zwei bis drei Fahrgeschwindigkeitsklassen grob geclustert, z. B. in Fahrten mit hohen Autobahn- und Konstantfahrtanteilen, in Fahrten mit urbanen und „Stop-and-Go"-Anteilen oder in Fahrten mit langen Standzeiten. Jede dieser Geschwindigkeitsklasse wurde unterteilt in ähnlich grob geclustere Bela-dungsklassen. Somit lässt sich jede Fahrt einer Spedition einer durch Ge-schwindigkeits- und Beladungsklasse definierten „Schublade" zuordnen.

Über einfache statistische Methoden erfolgt eine Auswahl typischer Fahrten, sodass das Gesamtkollektiv aller Fahrten auf 10 bis 16 Fahrten pro Spedition reduziert werden konnte und gleichzeitig das Gesamtkollektiv in den Hauptmerkmalen Geschwindigkeits- und Beladungsverteilung bestmöglich repräsentiert wird.

Diese repräsentativen speditionsabhängigen Kollektive werden in der Entwicklungsumgebung mit einem einheitlichen generischen Gesamtfahrzeugmodell befahren. Hierdurch werden fahrzeugspezifische Einflüsse auf den Verbrauch ausgeschlossen, sodass der Fokus der Untersuchungen auf die Einflüsse aus den Betriebs- und Umgebungsbedingungen gelegt werden kann. Das Fahrzeugmodell [51, 54] ist so parametriert, dass es ein realistisches Fahrzeugverhalten eines exemplarischen Fernverkehrszugs abbildet. Es wird im Sinne der Aufgabenstellung als gemeinsames Ersatzmodell für die vier Speditionsfahrzeuge benutzt.

Abbildung 6.4 zeigt die Bandbreiten der streckenbezogenen Gesamtverbrauchsprognosen für die einzelnen Speditionen (1-4) bei unterschiedlichen Umgebungstemperaturen. Für jede Spedition wird in der Gesamtfahrzeugsimulationsumgebung das für die jeweilige Spedition repräsentative Fahrtenkollektiv abgefahren. Die Fahrstrecke, die Geschwindigkeits- und Höhenprofile sowie die Beladungssituation jeder einzelnen Fahrt entsprechen der jeweiligen realen Fahrt. Jede Fahrt wurde bei vier verschiedenen, konstanten Umgebungstemperaturen simuliert. Die Fahrt mit dem geringsten Streckenverbrauch sowie die Fahrt mit dem höchsten Streckenverbrauch definieren für jede Spedition die über die hellgrauen Balken symbolisierte Bandbreite der Streckenverbräuche. Die mittleren Streckenverbräuche ergeben sich über alle Fahrten aus dem repräsentativen Fahrtenkollektiv einer Spedition unter Berücksichtigung der unterschiedlichen Streckenlängen.

Die dunkelgrauen Balken in Abbildung 6.4 repräsentieren das Gesamtkollektiv (G) aller vier Speditionen. Das Minimum des Gesamtkollektivs entspricht dem Minimum von Spedition 4. Diese Fahrt hat wenige Anteile im oberen Geschwindigkeitsbereich, sodass insbesondere der aerodynamische Fahrwiderstand vergleichsweise gering ausfällt. Zudem ist es eine Leerfahrt, womit auch die masseabhängigen Fahrwiderstände geringer ausfallen. Je nach Umgebungstemperatur ergibt sich ein Streckenverbrauch von 16,8 bis 19,9 L / 100 km. Das Maximum des Gesamtkollektivs entspricht dem Maximum von Spedition 3 und liegt je nach Umgebungstemperatur zwischen 31,6 und 37 L / 100 km. Spedition 3 fährt einen Siloauflieger. Das Fahrzeug fährt typisch für einen Pendelverkehr auf der Hinfahrt voll beladen und auf der Rückfahrt leer. Entsprechend erklären sich die Spreizung im Verbrauch und die Tatsache, dass der mittlere Verbrauch über das komplette Fahrtkollektiv genau im arithmetischen Mittel von maximalem und minimalem Verbrauch liegt. Der mittlere Verbrauch des Gesamtkollektivs von 24,3 bis 28,6 L / 100 km je nach Umgebungstemperatur wurde als Mittelwert der speditionsabhängigen Mittelwerte berechnet.

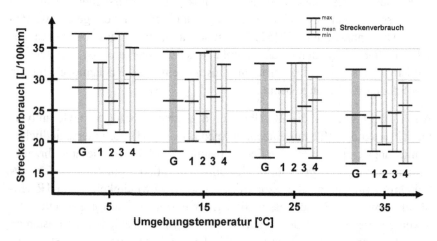

Abbildung 6.4: Streckenverbräuche der repräsentativen Fahrtkollektive der Speditionen (1-4), ausgewertet bei vier Umgebungstemperaturen

Abbildung 6.5 zeigt in Analogie zu Abbildung 6.4 die Anteile des Rollwiderstandes am Streckenverbrauch über die vier Umgebungstemperaturen. Hier fällt z. B. auf, dass Spedition 2 im Vergleich mit den anderen Speditionen die kleinste Spreizung zwischen minimalem und maximalen Rollwiderstandsanteil am Gesamtverbrauch und auch den kleinsten Mittelwert über das Fahrtkollektiv aufweist. Das korreliert mit der Tatsache, dass Spedition 2 im nächtlichen Regelverkehr mit durchschnittlich 6,3 t Beladung vergleichsweise leicht unterwegs ist, siehe Abbildung A.3 im Anhang. Entsprechend zeigt sich in Abbildung 6.4 bei Spedition 2 auch der im Vergleich der Speditionen jeweils geringste mittlere Gesamtverbrauch. Die zum vergleichsweise

hohen maximalen Gesamtverbrauch gehörende Fahrt bei Spedition 2 ist auf
fahrer- oder verkehrsbedingte häufige Beschleunigungsanteile zurückzuführen.

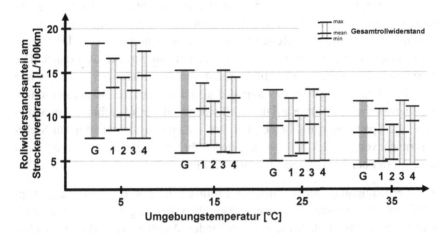

Abbildung 6.5: Gesamtrollwiderstandsanteile am Streckenverbrauch der
repräsentativen Fahrtkollektive der vier Speditionen (1-4),
ausgewertet bei vier Umgebungstemperaturen

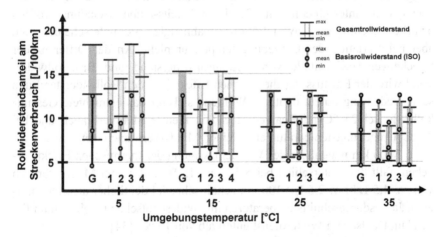

Abbildung 6.6: Anteile des Gesamtrollwiderstands im Vergleich zum
Basisrollwiderstand am Streckenverbrauch der repräsentativen Fahrtkollektive bei vier Umgebungstemperaturen

Die Verbrauchsprognosen aus dem Gesamtrollwiderstand in Abbildung 6.5 berücksichtigen den tatsächlich wirksamen Rollwiderstand an allen Fahrzeugreifen. Für jeden einzelnen Reifen wird das transiente Temperatur-Rollwiderstandsmodell nach Kap. 5.3 unter Berücksichtigung der transienten radindividuellen Verhältnisse berechnet. Entsprechend deutlich zeigt sich der Einfluss des thermischen Reifenzustandes in Abhängigkeit von der Umgebungstemperatur auf den Rollwiderstandanteil am Streckenverbrauch. Die Verbrauchsunterschiede in Abbildung 6.4 und Abbildung 6.5 zwischen den einzelnen Umgebungstemperaturen sind also direkt auf die Berücksichtigung der thermischen Einflüsse auf den Rollwiderstand zurückzuführen. Im Mittel über alle Speditionen ergibt sich bei 5 °C Umgebungstemperatur ein Mehrverbrauch von ca. 4,5 L / 100 km gegenüber dem gleichen Fahrtkollektiv ausgewertet bei 35 °C Umgebungstemperatur.

Zur Verdeutlichung der thermischen Einflüsse auf den Rollwiderstand zeigt Abbildung 6.6 zusätzlich zu den in Abbildung 6.5 eingeführten Gesamtrollwiderstandsanteilen auch die entsprechenden Angaben zum Basisrollwiderstand nach ISO 28580, [46]. Der Basisrollwiderstand entspricht einem Prüfstandswert für einen singulären Reifenbetriebspunkt und ist somit nicht abhängig von der Umgebungstemperatur. Die dem Basisrollwiderstand zugehörigen maximalen, minimalen und mittleren Verbrauchsanteile sind entsprechend den unterschiedlichen Geschwindigkeits- und Beladungsprofilen natürlich speditions- bzw. fahrtkollektivabhängig. Sie unterscheiden sich aber bei Variation der Umgebungstemperatur nicht. An der Differenz der Streckenverbrauchsanteile von Gesamtrollwiderstand und Basisrollwiderstand wird der Einfluss der thermischen Effekte auf den Rollwiderstand und seine Bedeutung erneut deutlich. Während sich für das betrachtete Gesamtkollektiv bei 25 °C im Realverbrauch ein kleiner Mehrverbrauch und bei 35 °C Umgebungstemperatur ein kleiner Minderverbrauch von jeweils ca. 0,5 L / 100 km gegenüber der Vernachlässigung der thermischen Effekte ergeben, fällt der Unterschied bei 5 °C und 15 °C mit einem Mehrverbrauch von ca. 4,5 L bzw. 2,5 L / 100 km schon sehr viel deutlicher aus. Die mittleren Jahresdurchschnittstemperaturen im bundesdeutschen Gebietsmittel liegen laut Deutschem Wetterdienst unterhalb von 10 °C, [34].

6.3 Bewertung unterschiedlicher Reifen

Für Speditionsbetriebe ist die Frage nach einer für das spezifische Fahr- und Beladungsprofil geeigneten Bereifung relevant. Aus den vorstellten Modellen können Prognosewerkzeuge entwickelt werden, die bei der Kaufentscheidung für einen Reifensatz unterstützen können, indem sie z. B. für unterschiedliche Bereifungsvarianten den speditionsspezifischen Streckenverbrauch prognostizieren und miteinander vergleichen. Als entsprechendes Beispielszenario wird im Folgenden der Einfluss unterschiedlicher Bereifung auf den Streckenverbrauch am Beispiel der repräsentativen Fahrtkollektive (siehe Kap. 6.2) der Speditionen 3 und 4 für 15 °C Umgebungstemperatur untersucht.

Aus den realen, im Feldversuch mit den Speditionen gefahrenen und im Zuge der Rollwiderstandsmessungen mit dem Spezialmessfahrzeug vermessenen Reifen wurden Parametrierungen für die thermischen Rollwiderstandsmodelle abgeleitet. Diese thermischen Rollwiderstandsmodelle liegen allen bisherigen Simulationsergebnissen zugrunde und bilden im Folgenden die Referenzbereifung:

Referenzbereifung:

- Vorbemerkung:
  Die angegebenen Basisrollwiderstandsbeiwerte $f_{R_{28580}}$ wurden über das thermische Reifenmodell nach Kap. 5.4 bestimmt, das über die Messungen nach Kap. 4 parametriert wurde.

- Lenkachse:
  thermisches Rollwiderstandsmodell für Michelin X-Line EnergyZ 315/70 R22.5; $f_{R_{28580}} = 0{,}0054$

- Antriebsachse:
  thermisches Rollwiderstandsmodell für Michelin X-Line EnergyZ 315/70 R22.5; $f_{R_{28580}} = 0{,}0055$

- Trailerachsreifen:
  thermisches Rollwiderstandsmodell für Continental EcoPlusHT3 385/65 R22.5; $f_{R_{28580}} = 0{,}004$

Wie bereits in Kap. 6.1 erwähnt, wurden in dem Projekt nach heutigen Maß-stäben bezogen auf den Rollwidertand vergleichsweise gute Reifen verwen-det. Zum Vergleich werden für jeden der drei Reifen jeweils zwei generische Reifenvarianten für das thermische Rollwiderstandsmodell abgeleitet.

Das thermische Rollwiderstandsmodell nach Kap. 5.4 besteht aus zwei Mo-dulen, einem thermischen Reifenmodell und einem Temperatur-Rollwider-standsmodell. Das thermische Reifenmodell berechnet transiente Reifentem-peraturen, die das thermische Reifenverhalten in Abhängigkeit der Betriebs-und Umgebungsbedingungen beschreiben. Für die Variantenbildung wird an-genommen, dass die Reifen gegenüber den Referenzreifen ein identisches thermisches Reifenverhalten aufweisen. Das erlaubt die Verwendung des thermischen Reifenmodells nach Kap. 5.2 ohne Modifikation. Das Tempera-tur-Rollwiderstandsmodell berechnet dann den Rollwiderstandsbeiwert aus dem über Gürtelkanten- und Schultertemperatur definierten thermischen Rei-fenzustand, siehe Kap. 5.3. Dieser Zusammenhang wird über ein Kennfeld abgebildet, siehe Abbildung 5.8. Diese Kennfelder der Temperatur-Rollwi-derstandsmodelle für Lenkachs-, Antriebsachs- und Trailerachsreifen werden im Zuge der Variantenbildung modifiziert.

Bereifungsvarianten:

■ Vorbemerkung:
   - thermische Rollwiderstandsmodelle für generische Reifenvarianten
   - identisches thermisches Verhalten gegenüber Referenzreifen
   - Bereifungsvariante 1: Konstanter Offset in dem Kennfeld des Tem-peratur-Rollwiderstandsmodells entsprechend der Basisrollwider-standserhöhung gegenüber der Referenzbereifung ˙
   - Bereifungsvariante 2: Gleichbleibender prozentualer Offset in dem Kennfeld des Temperatur-Rollwiderstandsmodells entsprechend der prozentualen Basisrollwiderstandserhöhung gegenüber der Referenz-bereifung

■ Lenkachsreifen:
   - Erhöhung des Basisrollwiderstands auf $f_{R_{28580}} = 0{,}0063$

■ Antriebsachsreifen:
   - Erhöhung des Basisrollwiderstands auf $f_{R_{28580}} = 0{,}0068$

■ Trailerachsreifen:
- Erhöhung des Basisrollwiderstands auf $f_{R_{28580}} = 0,0049$

Anschaulich könnte es sich bei den beiden Reifenvarianten um Reifen mit ähnlichem konstruktiven Aufbau und identischem Wärmeübertragungsverhalten verglichen mit der Referenzbereifung – aber mit modifizierten viskoelastischen Verhalten durch andere Gummimischungen – handeln.

Anteiliger Streckenverbrauch (sowie Änderung gegenüber Referenz) [L/100 km]							
		Gesamtfahrzeug	S1	D1	T1	T2	T3
$BS_{Rowl, Temp.}$		12,42 (+1,78)	1,96 (-0,05)	0,45 (-0,01)	0,64 (-0,01)	0,19 (-0,01)	0,35 (-0,01)	0,34 (-0,01)
$BS_{Rowl, Basis}$			10,45 (+1,83)	2,59 (+0,36)	3,06 (+0,60)	1,20 (+0,22)	1,80 (+0,33)	1,80 (+0,33)
$BS_{Radlager/Bremse}$	14,16 (+1,80)		0,85 (±0)	0,17 (±0)	0,29 (±0)	0,07 (±0)	0,16 (±0)	0,16 (±0)
$BS_{Schlupf}$		1,74 (+0,02)	0,50 (+0,02)	0 (±0)	0,48 (+0,02)	0 (±0)	0 (±0)	0 (±0)
$BS_{Kurve/Vorspur}$			0,40 (±0)	0,09 (±0)	0,09 (±0)	0,03 (±0)	0,05 (±0)	0,14 (±0)
$BS_{Luftwiderstand}$	9,78 (±0)							
BS_{Bremse}	4,76 (-0,21)	$BS_{\Delta Höhe}$	-0,08 (±0)		BS_{Gesamt}	28,62 (+1,59)		

Abbildung 6.7: Streckenverbräuche für die Bereifungsvariante 1 im Vergleich mit der Referenzbereifung für Spedition 3 bei 15 °C Umgebungstemperatur

Abbildung 6.7 zeigt die summarischen und anteiligen Streckenverbräuche über die in Kap. 6.1 eingeführte tabellarische Darstellungsform. In der Gesamtfahrzeugsimulationsumgebung wurde das repräsentative Fahrtkollektiv von Spedition 3 bei 15 °C Umgebungstemperatur mit der Bereifungsvariante 1 nachgefahren und mit der Referenzbereifung verglichen.

Durch die gewählte Basisrollwiderstandserhöhung gegenüber der Referenzbereifung an allen Rädern ergibt sich eine Erhöhung des auf den Basisrollwiderstand zurückzuführenden anteiligen Streckenverbrauchs von 1,83 L / 100 km. Bei der Bereifungsvariante 1 und der Bereifungsreferenz ändert sich der Rollwiderstandsbeiwert in Abhängigkeit vom thermischen Reifenzustand in gleichem Maße. Die Flächenform des Kennfelds im Temperatur-Rollwiderstandsmodell (siehe Abbildung 5.8) bleibt unverändert, sie wird durch den konstanten Offset nur auf ein höheres Rollwiderstandsbeiwertniveau gehoben. Im Mehrverbrauch, der sich aus der Berücksichtigung des thermischen Reifenzustandes gegenüber dem Basisrollwiderstands ergibt, unterscheiden sich die beiden Bereifungsvarianten deshalb nur marginal.

Anteiliger Streckenverbrauch (sowie Änderung gegenüber Referenz) [L/100 km]								
Gesamtfahrzeug				**S1**	**D1**	**T1**	**T2**	**T3**
$BS_{Rowi,\,Temp.}$		12,76 (+2,12)	2,36 (+0,35)	0,52 (+0,05)	0,78 (+0,14)	0,23 (+0,03)	0,42 (+0,06)	0,41 (+0,06)
$BS_{Rowi,\,Basis}$			10,40 (+1,78)	2,58 (+0,35)	3,04 (+0,58)	1,20 (+0,21)	1,79 (+0,32)	1,79 (+0,32)
$BS_{Radlager/Bremse}$	14,51 (+2,15)		0,85 (±0)	0,17 (±0)	0,29 (±0)	0,07 (±0)	0,16 (±0)	0,16 (±0)
$BS_{Schlupf}$		1,75 (+0,03)	0,50 (+0,03)	0 (±0)	0,49 (+0,03)	0 (±0)	0 (±0)	0 (±0)
$BS_{Kurve/Vorspur}$			0,40 (±0)	0,09 (±0)	0,09 (±0)	0,03 (±0)	0,05 (±0)	0,14 (±0)
$BS_{Luftwiderstand}$	9,78 (±0)							
BS_{Bremse}	4,72 (-0,25)							

$BS_{\Delta Höhe}$　−0,08 (±0)　　　　　BS_{Gesamt}　28,93 (+1,90)

Abbildung 6.8:　Streckenverbräuche für die Bereifungsvariante 2 im Vergleich mit der Referenzbereifung für Spedition 3 bei 15 °C Umgebungstemperatur

Bei der Bereifungsvariante 1 mit den höheren Basisrollwiderstandsbeiwerten erwärmt sich der Reifen durch den höheren Energieeintrag aus der Rollwiderstandsleistung etwas schneller und ist über das Fahrtkollektiv betrachtet etwas häufiger im thermischen Gleichgewichtszustand. Die Sekundäreffekte in den Verbrauchsanteilen resultierend aus dem Schlupf und der Bremse wurden bereits in Kap. 6.1 diskutiert. In Summe ergibt sich für das Fahrtkollektiv der Spedition 3 durch die Bereifungsvariante 1 ein Streckenmehrverbrauch von 1,59 L / 100 km gegenüber der Referenzbereifung.

	Anteiliger Streckenverbrauch (sowie Änderung gegenüber Referenz) [L/100 km]					
	Gesamtfahrzeug	S1	D1	T1	T2	T3
$BS_{\text{Rowl, Temp.}}$	1,93 (-0,09)	0,40 (-0,02)	0,65 (-0,02)	0,23 (-0,02)	0,33 (-0,02)	0,32 (-0,02)
$BS_{\text{Rowl, Basis}}$	12,36 (+2,18)	2,66 (+0,37)	3,50 (+0,68)	1,72 (+0,31)	2,24 (+0,41)	2,24 (+0,41)
→ BS_{Rowl} (gesamt)	14,30 (+2,09)					
$BS_{\text{Radlager/Bremse}}$	0,88 (±0)	0,17 (±0)	0,29 (±0)	0,11 (±0)	0,16 (±0)	0,16 (±0)
BS_{Schlupf}	0,44 (+0,02)	0 (±0)	0,43 (+0,02)	0 (±0)	0 (±0)	0 (±0)
$BS_{\text{Kurve/Vorspur}}$	0,34 (±0)	0,07 (±0)	0,08 (±0)	0,03 (±0)	0,05 (±0)	0,11 (±0)
→ (Radlager/Bremse + Schlupf + Kurve/Vorspur)	1,66 (+0,02)					
→ Rollwiderstand (gesamt)	15,96 (+2,11)					
$BS_{\text{Luftwiderstand}}$	10,72 (±0)					
BS_{Bremse}	3,66 (-0,17)					
$BS_{\Delta\text{Höhe}}$	-0,01 (±0)					
BS_{Gesamt}	30,33 (+1,94)					

Abbildung 6.9: Streckenverbräuche für die Bereifungsvariante 1 im Vergleich mit der Referenzbereifung für Spedition 4 bei 15 °C Umgebungstemperatur

Abbildung 6.8 zeigt den Vergleich der Bereifungsvariante 2 gegenüber der Referenzbereifung für das repräsentative Fahrtkollektiv von Spedition 3. Neben der Erhöhung der Basisrollwiderstandskoeffizienten wurde auch die Form des Kennfelds geändert, in dem der Rollwiderstandsbeiwert an jeder Stelle des Kennfelds um den gleichen prozentualen Betrag gegenüber der Referenz erhöht wurde. Entsprechend ändert sich der Rollwiderstandsbeiwert über der Gürtelkanten- und Schultertemperatur mit anderen Gradienten. Die unterschiedliche Form des Kennfelds resultiert in einem anteiligen Mehrverbrauch von 0,35 L / 100 km (anteiliger Streckenverbrauch aus der Berücksichtigung des thermischen Reifenzustandes) bezogen auf die Referenzbereifung. In Summe ergibt sich für das Fahrtkollektiv von Spedition 3 mit der

Bereifungsvariante 2 ein streckenbezogener Mehrverbrauch von 1,9 L / 100 km gegenüber der Referenzbereifung.

Im Vergleich der Abbildung 6.7 mit Abbildung 6.8 zeigen sich auch im Basisrollwiderstand leichte Streckenverbrauchsunterschiede. Das ist durch die Tatsache begründet, dass sich die für die beiden Bereifungsvarianten verwendeten Basisrollwiderstandsbeiwerte $f_{R_{28580}}$ durch methodische Effekte bei der Kennfelderstellung leicht unterscheiden und nur in der gerundeten Darstellung (s.o.) für beide Varianten gleich erscheinen.

	Anteiliger Streckenverbrauch (sowie Änderung gegenüber Referenz) [L/100 km]							
	Gesamtfahrzeug			**S1**	**D1**	**T1**	**T2**	**T3**
$BS_{Rowi, Temp.}$		14,62 (+2,41)	2,33 (+0,30)	0,46 (+0,04)	0,79 (+0,13)	0,28 (+0,03)	0,40 (+0,05)	0,39 (+0,05)
$BS_{Rowi, Basis}$			12,30 (+2,11)	2,65 (+0,36)	3,48 (+0,66)	1,71 (+0,30)	2,23 (+0,40)	2,23 (+0,40)
$BS_{Radlager/Bremse}$	16,29 (+2,44)		0,88 (±0)	0,17 (±0)	0,29 (±0)	0,11 (±0)	0,16 (±0)	0,16 (±0)
$BS_{Schlupf}$		1,66 (+0,03)	0,44 (+0,03)	0 (±0)	0,43 (+0,03)	0 (±0)	0 (±0)	0 (±0)
$BS_{Kurve/Vorspur}$			0,34 (±0)	0,07 (±0)	0,08 (±0)	0,03 (±0)	0,05 (±0)	0,11 (±0)
$BS_{Luftwiderstand}$	10,72 (±0)							
BS_{Bremse}	3,63 (-0,20)	$BS_{\Delta Höhe}$	-0,01 (±0)			BS_{Gesamt}	30,63 (+2,25)	

Abbildung 6.10: Streckenverbräuche für die Bereifungsvariante 2 im Vergleich mit der Referenzbereifung für Spedition 4 bei 15 °C Umgebungstemperatur

Abbildung 6.9 und Abbildung 6.10 zeigen den Vergleich der Bereifungsvariante 1 bzw. der Bereifungsvariante 2 jeweils gegenüber der Referenzbereifung für das repräsentative Fahrtkollektiv von Spedition 4 bei 15 °C Umgebungstemperatur. Die Unterschiede im streckenbezogenen Gesamtverbrauch fallen mit 1,94 bzw. 2,25 L / 100 km etwas höher aus. Spedition 4 fährt gegenüber Spedition 3 aufgrund höherer Autobahnanteile mit einer höheren Durchschnittsgeschwindigkeit. Auch die durchschnittliche Beladung ist bei Spedition 4 im Vergleich etwas höher. Entsprechend höher ist der streckenbezogene Gesamtverbrauch, so dass sich auch die Unterschiede in der Bereifung deutlicher zeigen.

Generell zeigen die Beispiele, dass man Aussagen über den Streckenverbrauch nicht verallgemeinern darf, sondern immer auf die untersuchungsspezifischen repräsentative Fahrtkollektive beziehen sollte. Auch hätten sich bei einer anderen Umgebungstemperatur andere Streckenverbräuche und Verbrauchsunterschiede bei den Varianten ergeben.

7 Schlussfolgerung und Ausblick

Im Rahmen der vorliegenden Arbeit wurde ein teilempirisches thermisches Nutzfahrzeugreifenmodell zur Prognose realer transienter Rollwiderstandsverläufe vorgestellt. Das Modell wurde sowohl auf Basis einer groß angelegten Messkampagne im realen Güterfernverkehr als auch basierend auf Rollwiderstandsmessungen auf der Straße entwickelt und parametriert. Das transiente thermische Rollwiderstandsmodell wurde in ein Nutzfahrzeugreifenmodell eingebunden und in eine vorhandene Gesamtfahrzeugentwicklungsumgebung integriert. Damit steht ein mächtiges Entwicklungswerkzeug für die Identifikation und Quantifizierung rollwiderstandsrelevanter Einflussgrößen – insbesondere unter Berücksichtigung realer Betriebs- und Umgebungsbedingungen – zur Verfügung. Die vorgestellten Methoden und Modelle können sowohl im Rahmen der Fahrzeug- oder Reifenentwicklung eingesetzt als auch zur Ableitung von speditions- oder dispositionsunterstützenden Algorithmen und Prognosewerkzeugen weiterentwickelt werden.

Die ausgewählten Ergebnisse zeigen, dass die Potenziale zur Verminderung des Gesamtfahrzeug-Rollwiderstands und damit zur Kraftstoffeinsparung in erheblichem Maße von den Fahr-, Strecken- und Beladungsprofile abhängen. Es zeigt sich, dass die Umgebungstemperatur einen großen Einfluss auf den Rollwiderstandsbeiwert des Reifens besitzt und dass sich diese Abhängigkeit im täglichen Fahrzeugbetrieb im Kraftstoffverbrauch in erheblichem Maße bemerkbar macht. Somit sind Prognosen, die sich zur Rollwiderstandsberechnung auf einen – gemäß ISO 28580 – unter Laborbedingungen bei einer konstanten Umgebungstemperatur von 25 °C im thermischen Gleichgewichtszustand des Reifens ermittelten Rollwiderstandsbeiwert stützen, zur Bestimmung realistischer Streckenverbräuche ungeeignet. Zur Verbesserung der Prognosequalität von energetischen Bewertungen sollte zukünftig der Temperatureinfluss auf den Rollwiderstand auf Basis realistischer Fahrprofile und Beladungssituationen berücksichtigt werden.

Das vorgestellte thermische Rollwiderstandsmodell ist modular aufgebaut, um gezielte Weiterentwicklungen zu erleichtern. Zur weiteren Verbesserung der Prognosequalität des rollwiderstandsrelevanten thermischen Reifenzustandes wäre zum einen die Berücksichtigung der Felge als separate thermi-

© Springer Fachmedien Wiesbaden GmbH, ein Teil von Springer Nature 2018
J. Neubeck, *Thermisches Nutzfahrzeugreifenmodell zur Prädiktion realer Rollwiderstände*, Wissenschaftliche Reihe Fahrzeugtechnik Universität Stuttgart, https://doi.org/10.1007/978-3-658-21541-5_7

sche Masse denkbar. Zum anderen sollte aus wissenschaftlicher Sicht die fahrzeug- und situtationsspezifische Umströmung der einzelnen Reifen realistisch abgebildet werden. Eine genauere Berücksichtigung der Umströmung des Reifens erlaubt eine präzisere Prognose der Konvektion und damit eine weiter verbesserte Prognose der rollwiderstandsrelevanten Reifentemperaturen. Die entsprechenden CFD-Simulationswerkzeuge wären mit der vorhandenen dynamischen Gesamtfahrzeugsimulationsumgebung und dem integrierten transienten thermischen Rollwiderstandsmodell zu koppeln. Somit könnte zukünftig gezielter untersucht werden, ob sich aerodynamische Maßnahmen zur Beeinflussung des Strömungsfelde oder die Umleitung vorhandener Abwärmeströme zur Beeinflussung des thermischen Reifenzustands und damit zur Verminderung des Rollwiderstands nutzen lassen.

Die vorhandene Datenbasis aus dem umfangreichen Feldversuch mit den Speditionen ermöglicht vielfältige weitere wissenschaftliche Nutzung. So könnte z. B. die Bewertung des Einflusses von Fahrerassistenzsystemen oder von Algorithmen zu (teil-)autonomen Fahrfunktionen auf den Streckenverbrauch anhand repräsentativer speditionsspezifischer Fahrprofile erfolgen.

Literaturverzeichnis

[1] Andersen, L. G.; Larsen, J. K.; Fraser, E. S.; Schmidt, B; Dyre, J. C.: Rolling Resistance Measurement and Model Development. Journal of Transportation Engineering, Vol. 141 (2), 2015

[2] Bachmann, C.; Sipply, O.; Eckstein, L.: Rollwiderstandsuntersuchung mit einem mobilen Reifenprüfstand auf realen Fahrbahnen. VDI – Reifen-Fahrwerk-Fahrbahn, Hannover, 2015

[3] Baehr, H. D.; Stephan, K: Wärme- und Stoffübertragung. ISBN: 978-3-642-05500-3, Springer Verlag, Berlin, Heidelberg, 2010

[4] Baehr, H. D.; Kabelac, S.: Thermodynamik. Grundlagen und technische Anwendungen. ISBN: 978-3-642-24160-4, Springer Vieweg, Springer Verlag, Berlin, Heidelberg, 2012

[5] Baumgärtner, B.: Rollwiderstand von Reifen im wirtschaftlichen und umweltpolitischen Spannungsfeld. Dekra Reifensymposium, Essen, 2010

[6] Behnke, R.: Thermo-Mechanical Modeling and Durability Analysis of Elastomer Components under Dynamic Loading. Dissertation, Technische Universität Dresden, 2015

[7] Behnke, R.; Kaliske, M.: Thermo-mechanically coupled investigations of steady state rolling tires by numerical simulation and experiment. In International Journal of Non-Linear Mechanics, Vol. 68, S. 101-131, 2015

[8] Besselink, I. J. M.; Schmeitz, A. J. C.; Pacejka, H. B.: An improved Magic Formular/Swift tyre model that can handle inflation pressure changes. Vehicle System Dynamics, Vol. 48, 2010

[9] Böckh, P. von; Wetzel, T.: Wärmeübertragung: Grundlagen und Praxis. ISBN: 978-3-642-15958-9, Springer Vieweg, Springer-Verlag, Berlin Heidelberg, 2011

© Springer Fachmedien Wiesbaden GmbH, ein Teil von Springer Nature 2018
J. Neubeck, *Thermisches Nutzfahrzeugreifenmodell zur Prädiktion realer Rollwiderstände*, Wissenschaftliche Reihe Fahrzeugtechnik Universität Stuttgart, https://doi.org/10.1007/978-3-658-21541-5

[10] Bode, O., Bode, M.: Untersuchung des Rollwiderstands von Nutzfahrzeugreifen auf echten Fahrbahnen. FAT Schriftenreihe Nr. 255, FAT, Berlin, 2013

[11] Bode, O.: Untersuchung des Rollwiderstands von Nutzfahrzeugreifen auf realer Fahrbahn. FAT Schriftenreihe Nr. 285, FAT, Berlin, 2016

[12] Bode, O.: Reifen-Rollwiderstandsmessungen bei Konstantfahrt (Prüfgelände) und im fließenden Verkehr (Autobahn). Bericht 438 Update A, IPW GmbH, Isernhagen, 2016

[13] Böswirth, L.; Bschorer, S.: Technische Strömungslehre: Lehr- und Übungsbuch. 10. Auflage, ISBN: 978-3-658-05667-4, Springer-Verlag, Berlin, Heidelberg, 2014

[14] Calabrese, F.; Bäcker, M.; Gallrein, A.: Advanced Handling Applications with New Tire Model Utilizing 3D Thermo-Dynamics. Simpack User Meeting, 2014

[15] Cho, J. R.; Lee, H. W.; Jeong, W. B.; Jeong, K. M.; Kim, K. W.: Numerical estimation of rolling resistance and temperature distribution of 3-D periodic patterned tire. In International Journal of Solids and Structures, Vol. 50; S. 86–96, 2013

[16] Clark, S. K.; Loo, M.: Temperature Effects on Rolling Resistance of Pneumatic Tires. Department of Transportation, Office of University Research, Springfield, 1976

[17] Clark, S. K.: Rolling Resistance of Pneumatic Tires. In Tire Science and Technology, 1978, Vol. 6, S. 163–175

[18] Collins, J. M.; Jackson, W. L.; Oubrigde, P. S.: Relevance of Elastic and Loss Moduli of Tire Components to Tire Energy Losses. In Rubber Chemistry and Technology, Vol. 38, S. 400–414, 1965

[19] Curtiss, W. W.: Low Power Loss Tires. SAE Technical Paper 690108, 1969

[20] DIN ISO 8767 (1995) Personenkraftwagenreifen - Verfahren zur Messung des Rollwiderstandes. 1995

[21] Ebbott, T. G.; Hohman, R. L.; Jeusette, J.-P.; Kerchman, V.: Tire Temperature and Rolling Resistance Prediction with Finite Element Analysis. In Tire Science and Technology, Vol. 27, S. 2–21, 1999

[22] EG 715/2007 Verordnung des europäischen Paraments und des Rates über die Typgenehmigung von Kraftfahrzeugen hinsichtlich der Emissionen von leichten Personenkraftwagen und Nutzfahrzeugen (Euro 5 und Euro 6) und über den Zugang zu Reparatur- und Wartungsinformationen für Fahrzeuge. Amtsblatt der EU vom 29.07.2007

[23] Ejsmont, J.; Swieczko-Zurek, B.; Ronowski, G.; Wilde, W. J.: Rolling resistance measurements at the MnROAD facility, Round 2. Final Report 2014–29. St. Paul: Minnesota Department of Transportation, 2014

[24] Ejsmont, J.; Ronowski, G.; Swieczko-Zurek, B.; Sommer, J.: Road texture influence on tyre rolling resistance. Road Materials and Pavement Design, 18:1, 2017

[25] Elliott, D.; Klamp, W.; Kraemer, W.: Passenger Tire Power Consumption. SAE Technical Paper 710575, 1971

[26] EU 582/2011 Verordnung der Kommision zur Durchführung und Änderung der Verordnung (EG) Nr. 595/2009 des Europäischen Parlaments und des Rates hinsichtlich der Emissionen von schweren Nutzfahrzeugen (Euro VI) und zur Änderung der Anhänge I und III der Richtlinie 2007/46/EG des Europäischen Parlaments und des Rates. Amtsblatt der EU vom 25.06.2011

[27] European Commission: Strategy for reducing Heavy-Duty Vehicles' fuel consumption and CO2 emissions. Communication from the Commission to the Council and the European Parliament, COM (2014) 285 final, Brussels, 2014

[28] European Commission: Strategy for Reducing Heavy-Duty Vehicles Fuel Consumption and CO2 Emissions. Commission Staff working document, Impact assessment, SWD(2014) 160 final, Brussels, 2014

[29]   European Council: 2030 Climate and Energy Policy Framework.
        European Council Conclusions, EUCO 169/14, Brussels, 2014

[30]   Ferhadbegović, B.: Entwicklung und Applikation eines instationären
        Reifenmodells zur Fahrdynamiksimulation von Ackerschleppern.
        Dissertation, Universität Stuttgart, Shaker Verlag Aachen, For-
        schungsbericht Agrartechnik VDI-MEG, Nr. 475, 2009

[31]   Février, P.; Fandard, G.: A new thermal and mechanical tire model
        for handling simulation. In: Bargende, M.; Wiedemann, J. (eds.),
        Kraftfahrwesen und Verbrennungsmotoren: 7. Internationales Stutt-
        garter Symposium, Expert-Verlag, 2007

[32]   Février, P.; Fandard, G.: Thermische und mechanische Reifenmodel-
        lierung zur Simulation des Fahrverhaltens. In ATZ - Automobil-
        technische Zeitschrift, Vol. 110, 2008

[33]   Freuer, A.; Grimm, M.; Reuss, H.-C.: Messung und statistische
        Analyse der Leistungsflüsse und des Energieverbrauchs bei Elektro-
        fahrzeugen im kundenrelevanten Fahrbetrieb. 4. Deutscher Elektro-
        Mobil Kongress, Essen, 2012

[34]   Friedrich, K; Breyer, J.: Klimastatusbericht 2015. Deutscher Wetter-
        dienst, ISSN: 1437-7691, Offenbach, 2015

[35]   Futamura, S.; Goldstein, A.: A Simple Method of Handling Thermo-
        mechanical Coupling for Temperature Computation in a Rolling Tire.
        In Tire Science and Technology, Vol. 32, S. 56–68, 2004

[36]   Gipser, M.: FTire, ein Reifenmodell für Handling, Komfort- und Le-
        bensdauersimulation. Seminar Fahrwerktechnik, Haus der Technik,
        Osnabrück, 2001

[37]   Greiner, M.: Verfahren zur Prädiktion des Rollwiderstands bei varia-
        blen Betriebsparametern auf Basis standardisierter Rollwiderstands-
        messungen. Dissertation in Vorbereitung, Karlsruher Institut für
        Technologie (KIT)

[38]   Grover, P. S.: Modeling of Rolling Resistance Test Data. In SAE
        Transactions, ISSN: 0096-736X, 1998, Vol. 107, S. 497-506

[39] Haken, K.-L.: Grundlagen der Kraftfahrzeugtechnik. Carl Hanser Verlag, ISBN: 978-3-446-44126-0, München, 2015

[40] Hansen, N.: The CMA evolution strategy: a comparing review. Towards a new evolutionary computation. Advances on estimation of distribution algorithms, Vol. 192, Springer-Verlag, 2006

[41] Herwig, H.; Moschallski, A.: Wärmeübertragung. ISBN: 978-3-658-06208-8, Springer-Vieweg-Verlag, Wiesbaden, 2014

[42] Hilgers, M.: Wo geht die Energie des Diesels hin? Oder: Wie gestaltet man den verbrauchsoptimalen Lastkraftwagen? 10. Internationale Fachtagung Nutzfahrzeuge, In VDI Berichte, Vol. 2068, ISBN: 978-3-18-092068-9, S. 19-38, 2009

[43] Horn, M.: Ein Beitrag zur ganzheitlichen Analyse des Energiebedarfs von Kraftfahrzeugen. Dissertation, Universität Stuttgart, ISBN: 978-3-8169-3273-4, 2013

[44] Igel, C.; Hansen, N.; Roth, S.: Covariance Matrix Adaptation for Multi-objective Optimization. Evolutionary Computation, Vol. 15, No. 1, 2007

[45] ISO 13473-1 (1997) Characterization of pavement texture by use of surface profiles – Part 1: Determination of mean profile depth. International Organization for Standardization, 1997

[46] ISO 28580 (2009) Passenger car, truck and bus tyres - Methods of measuring rolling resistance - Single point test and correlation of measurement results, International Organization for Standardization, 2009

[47] Janssen, M.; Hall, G.: Effect of Ambient Temperature on Radial Tire Rolling Resistance. SAE Technical Paper 800090, 1980

[48] Junge, G.: Einführung in die Technische Strömungslehre. ISBN: 978-3-446-42300-8, Hanser Verlag, Leipzig, 2001

[49] Khromov, M. K.; Konovalova N. P.: Rolling Losses of Tyres. In Soviet Rubber Technology, 1970

[50]   Kopp, S.: Nutzfahrzeugaerodynamik - Oft unterschätzt und doch die
       Zukunft? 10. Internationale Fachtagung Nutzfahrzeuge, In VDI
       Berichte, Vol. 2068, ISBN: 978-3-18-092068-9, S. 47-59, 2009

[51]   Krantz, W.; Neubeck, J.: Sensitivitätsanalyse rollwiderstandsrele-
       vanter Einflussgrößen bei Nutzfahrzeugen - Teile 1 und 2. FAT
       Schriftenreihe Nr. 258, FAT, Berlin, 2013

[52]   Krantz, W.; Neubeck; J. Wiedemann, J.: Sensitivity Analysis on
       Factors Influencing the Overall Rolling Resistance of Commercial
       Vehicles. 14th Stuttgart International Symposium - Automotive and
       Engine Technology, Tagungsband, Expert-Verlag, Renningen, , Vol.
       1, S. 683-703, 2014

[53]   Krantz, W.; Neubeck, J.; Wiedemann, J.: Sensitivitätsanalyse roll-
       widerstandsrelevanter Einflüssgrößen bei Nutzfahrzeugen. 6. Grazer
       Nutzfahrzeug Workshop, TU Graz, 2014

[54]   Krantz, W.; Neubeck, J.: Sensitivitätsanalyse rollwiderstandsrele-
       vanter Einflussgrößen bei Nutzfahrzeugen - Teil 3. FAT Schriften-
       reihe Nr. 279, FAT, Berlin, 2015

[55]   Lange, B.; Bode, M; Bode, O.; Glaeser, K.-P.; Pflug, H.-C.: Roll-
       widerstand von Lkw-Reifen auf echten Fahrbahnen – Bandbreite der
       Beiwerte bei unterschiedlichen Randbedingungen und Umweltein-
       flüssen, VDI-Tagung „Reifen-Fahrwerk-Fahrbahn", Hannover, 2013

[56]   Lehmann, J.: Tire Sensors & Connectivity for Commercial Vehicles.
       VDI Wissensforum, Eurotyre 2016, Düsseldorf, 2016

[57]   Link, A.; Widdecke, N.; Wittmeier, F.; Wiedemann, J.: Measurement
       of the Aerodynamic Ventilation Drag of Passenger Car Wheels. ATZ
       / ATZ worldwide, Edition 10, 2016

[58]   Link, A.; Widdecke, N.; Wittmeier, F.; Wiedemann, J.: Analyse,
       Messung und Optimierung des Ventilationswiderstands von Pkw-
       Rädern. FAT Schriftenreihe Nr. 291, FAT, Berlin, 2016

[59] Link, A.: Analyse, Messung und Optimierung des Ventilationswiderstands von Pkw-Rädern. Dissertation in Vorbereitung, Wissenschaftliche Reihe Fahrzeugtechnik, Universität Stuttgart

[60] Lippmann, S.; Oblizajek, K.; Metters, J.: Sources of Rolling Resistance in Radial Ply Tires. SAE Technical Paper 780258, 1978

[61] Luchini, J. R.; Peters, J.; Arthur, R.: Tire Rolling Loss Computation with the Finite Element Method. In Tire Science and Technology, Vol. 22, S. 206–222, 1994

[62] Luchini, J. R.; Popio, J. A.: Modeling Transient Rolling Resistance of Tires. In Tire Science and Technology, Vol. 35, S. 118–140, 2007

[63] Luz, R.; Rexeis, M.; Hausberger, S.; Jajcevic, D.; Lang, W.; Schulte, L.-E.; Hammer, J.; Lessmann, L.; van Pim, M.; Verbeek, R.; Steven, H.: Development and validation of a methodology for monitoring and certification of greenhouse gas emissions from heavy duty vehicles through vehicle simulation. Report No. I07/14/Rex, Graz, 2014

[64] Mallet, E.: Impact of Tire Rolling Resistance on Fuel Consumption. VDI Wissensforum, Eurotyre 2016, Düsseldorf, 2016

[65] Mayer, W.: Bestimmung und Aufteilung des Fahrwiderstandes im realen Fahrbetrieb. ISBN: 978-3816927044, Dissertation, Universität Stuttgart, expert Verlag, 2006

[66] Michelin Der Reifen – Rollwiderstand und Kraftstoffersparnis. Société de Technologie Michelin, ISBN: 2-06-711658-4, Clermont-Ferrand, 2005

[67] Miege, A. J. P.; Popov, A. A.: The rolling restistance of truck tyres under a dynamic vertical load. In Vehicle System Dynamics. Vol. 43, S. 135-144, 2005

[68] Narasimha Rao, K.; Krishna Kumar, R., Bohara, P.; Mukhopadhyay, R.: A Finite Element Algorithm for the Prediction of Steady-State Temperatures of Rolling Tires. In Tire Science and Technology, Vol. 34, S. 195-214, 2006

[69]   Neubeck, J.; Krantz, W.; Wiedemann, J.; Mierisch, U.; Francke, G.; Wehner, K.: Evaluation of the Tire-Road Interaction to Optimize Efficiency and Driving Dynamics of Heavy-Duty Commercial Vehicles. chassis.tech plus, München, 2011

[70]   Neubeck, J.; Krantz, W.: On-Road Truck Tire Measurements. Vortrag KISTLER RoaDyn® User Meeting, Stuttgart, 2013

[71]   Neubeck, J.: Fahreigenschaften der Kraftfahrzeuges II. Vorlesungsmanuskript, Universität Stuttgart, 2016

[72]   Neubeck, J.: Motor Vehicles - Wheels and Tires. Vorlesungsumdruck, Hochschule Esslingen, 2016

[73]   Neubeck, J.; Krantz, W.; Wiedemann, J.: Thermisches Rollwiderstandsmodell für Nutzfahrzeugreifen zur Prognose fahrprofilspezifischer Energieverbräuche. FAT Schriftenreihe Nr. 300, FAT, Berlin, 2017

[74]   OECD World Energy Outlook 2006. International Energy Agency, Organization for Economic Co-operation and Development (OECD), Paris, 2006

[75]   Pacejka, H. B.; Besselink, I.: Tire and vehicle dynamics. Elsevier B. V., ISBN: 978-0-08-097016-5, 2012

[76]   Park, H. C.; Youn, S.-K.; Song, T. S.; Kim, N.-J.: Analysis of Temperature Distribution in a Rolling Tire Due to Strain Energy Dissipation. In Tire Science and Technology, Vol. 25, S. 214-228, 1997

[77]   Patel, N. J.: Measurement Data Postprocessing Automatization Routines. Projektarbeit, Universität Stuttgart, 2017

[78]   Popov, A. A.; Cole, D. J.; Cebon, D.; Winkler, C. B.: Laboratory Measurement of Rolling Resistance in Truck Tyres under Dynamic Vertical Load. In Journal of Automobile Engineering, Vol. 217, 2003

[79]   Pillai, P. S.; Fielding-Russell, G. S.: Effect of Aspect Ratio on Tire Rolling Resistance. In Rubber Chemistry and Technology, Vol. 64, S. 641–647, 1991

[80] Pillai, P. S.; Fielding-Russell, G. S.: Tire Rolling Resistance from Whole-Tire Hysteresis Ratio. In Rubber Chemistry and Technology, Vol. 65; S. 444–452, 1992

[81] Ramshaw, J.; Williams, T.: The Rolling Resistance of Commercial Vehicle Tyres. Supplementary Report 701, Transport and Road Research Laboratory, Crowthorne, 1981

[82] Ridha, R. A.: Computation of Stresses, Strains and Deformations of Tires. In Rubber Chemistry and Technology, Vol. 53, S. 849-902, 1980

[83] Rothert, H.; Idelberger; Jacobi, W.: On the Finite Element Solution of the Three-Dimensional Tire Contact Problem. In Nuclear Engineering and Design, Vol. 78, S. 363-375, 1984

[84] SAE J1269 (2006): Rolling Resistance Measurement Procedure for Passenger Car, Light Truck and Highway Truck and Bus Tires. SAE International, 2006

[85] SAE J2452 (1999): Stepwise Coastdown Methology for Measuring Tire Rolling Resistance. SAE International, 1999

[86] Sandberg, T.: Heavy Truck Modeling for Fuel Consumption Simulations and Measurements. Linköping Studies in Science and Technology, Thesis No. 924, ISBN: 91-7373-244-3, 2001

[87] Sandberg, U.; Bergiers, A.; Ejsmont, J.; Goubert, L.; Karlsson, R.; Zoller, M.: Road surface influence on tyre/road rolling resistance. Report MIRIAM SP1 #04, http://miriam-c02.net, 2011

[88] Sandberg, U. (ed.): Rolling Resistance – Basic Information and State-of-the-Art on Measurement methods. Report MIRIAM SP1 #01, http://miriam-c02.net, 2011

[89] Schuring, D. J.: The Rolling Loss of Pneumatic Tires. In Rubber Chemistry and Technology, Vol. 53, S. 600–727, 1980

[90] Shida, Z.; Koishi, M.; Kogure, T.; Kabe, K.: A Rolling Resistance Simulation of Tires Using Static Finite Element Analysis. In Tire Science and Technology, Vol. 27, S. 84–105, 1999

[91]   Sohaney, R. C.; Rasmussen, R. O.: Pavement texture evaluation and relationships to rolling resistance at MnROAD. Final Report 2013 - 16, Minnesota Department of Transportation, St. Paul, 2013

[92]   Stiehler, R. D.; Steel, M. N.; Richey, G. G.; Mandel, J.; Hobbs, R. H.: Power Loss and Operating Temperature of Tires. In Journal of Research of the National Bureau of Standards, 1960

[93]   Thoughton, J.; Callander, B.: Climate Change 1992. The Supplementary Report to the IPCC Scientific Assessment. Cambridge University Press, Cambridge, 1992

[94]   Tielking, J. T.: A Finite Element Tire Model. In Tire Science and Technology, Vol. 11, S. 50-63, 1984

[95]   Trivisonno, N.: Thermal Analysis of a Rolling Tire. In SAE Technical Paper Series, No. 700474, 1970

[96]   Umweltbundesamt Daten zum Verkehr. Ausgabe 2012, Bonn, 2012

[97]   United Nations: Kyoto Protocol to the United Nations Frameworkconvention on Climate Change. 1998

[98]   Unrau, H.-J.: Der Einfluss der Fahrbahnoberflächenkrümmung auf den Rollwiderstand, die Cornering Stiffness und die Aligning Stiffness von Pkw-Reifen. ISBN: 978-3-86644-983-1, KIT Scientific Publishing, Karlsruhe, 2013

[99]   VDA Jahresbericht 2009. Verband der Automobilindustrie e.V., ISSN: 0171-4317, Berlin, 2009

[100] VDA Jahresbericht 2010. Verband der Automobilindustrie e.V., ISSN: 1869-2915, Berlin, 2010

[101] VDA Jahresbericht 2013. Verband der Automobilindustrie e.V., ISSN: 1869-2915, Berlin, 2013

[102] VDA Jahresbericht 2015. Verband der Automobilindustrie e.V., ISSN: 1869-2915, Berlin, 2015

[103] Wang, Y.; Wei, Y.; Feng, X., Yao, Z.: Finite element analysis of the thermal characteristics and parametric study of steady rolling tires. In Tire Science and Technology, Vol. 40, S. 201-218, 2012

[104] Wäschle, A.: Numerische und experimentelle Untersuchung des Einflusses von drehenden Rädern auf die Fahrzeugaerodynamik. Dissertation, Universität Stuttgart, ISBN: 978-3-8169-2659-7, expert Verlag, 2006

[105] Wei, Y.-T.; Tian, Z.-H.; Du, X. W.: A Finite Element Model for the Rolling Loss Prediction and Fracture Analysis of Radial Tires. In Tire Science and Technology, Vol. 27, S. 250–276, 1999

[106] Whicker, D.; Browne, A. L.; Segalman, D. J.; Wickliffe, L. E.: A Thermomechanical Approach to Tire Power Loss Modeling. In Tire Science and Technology, Vol. 9, S. 3-18, 1981

[107] Wiedemann, J.: Kraftfahrzeuge. Vorlesungsmanuskript, Universität Stuttgart, 2016

[108] Wiesebrock, A.: Universal tire-road-model for advanced vehicle dynamic application. 11th Stuttgart International Symposium - Automotive and Engine Technology, Tagungsband, Expert-Verlag, Renningen, Vol. 1, S. 329-343, 2011

[109] Wiesebrock, A.; Neubeck, J.; Wiedemann, J.: New road-description methods for advanced vehicle dynamic applications. SAI, 16th International Conference Vehicle Dynamics, Mulhouse, 2011

[110] Wiesebrock, A.; User tire road model and road sensor for advanced vehicle dynamic applications. Simpack News, 2012

[111] Wiesebrock, A. ; Neubeck, J. ; Wiedemann, J.: Anwendung einer universellen Fahrbahnmodellierung in der Fahrzeugdynamiksimulation. VDI Konferenz: Simulation Fahrdynamik, 2013

[112] Wiesebrock, A.: Ein universelles Fahrbahnmodell für die Fahrdynamiksimulation. Dissertation, Wissenschaftliche Reihe Fahrzeugtechnik Universität Stuttgart, ISBN: 978-3-658-15612-1, Springer Vieweg, 2016

[113] Willett, P. R.: Hysteretic Losses in Rolling Tires. In Rubber Chemistry and Technology, Vol. 46, S. 425–441, 1973

[114] Willett, P. R.: Variations in Tire Hysteretic Losses Due to Tire Design. In Rubber Chemistry and Technology, Vol. 47, S. 118–126, 1974

[115] Willis, J. R.; Robbins, M. M.; Thompson, M.: Effects of pavement properties on vehicular rolling resistance – A literature review. NCAT Report 14-07, National Center for Asphalt Technology at Auburn University, 2016

[116] Wittmeier, F.; Widdecke, N.; Wiedemann, J.: Reifenentwicklung unter aerodynamischen Aspekten. FAT Schriftenreihe Nr. 252, FAT, Berlin 2013

[117] Wittmeier, F.: Ein Beitrag zur aerodynamischen Optimierung von Pkw Reifen. Dissertation, Universität Stuttgart, ISBN: 978-3-658-08806-4, Springer Verlag, Wiesbaden, 2014

[118] Wu, B.-G.: Nonlinear 3-D FE Analysis of Radial Tires. Ph.D. Dissertation, Harbin Institute of Technology, 1993

[119] Yasin, T. P.: The Analytical Basis of Automobile Coast-down Testing. AE International, 1978

Anhang

A1. Speditionsspezifische Informationen und Auswertungen

Die Feldversuche im Güterfernverkehr wurden von vier regional verteilten Speditionen durchgeführt. Es kamen folgende Fernverkehrszugkonfigurationen zum Einsatz:

Spedition 1:

- Standort im Nordosten von Baden-Württemberg

- Zugfahrzeug: MAN TGX 4x2

- Lenkachse: Michelin X-Line EnergyZ 315/70 R22.5

- Antriebsachse: Michelin X-Line EnergyD 315/60 R22.5 (speditionseigene Reifen, nicht beigestellt)

- Auflieger: Krone Koffer-Kühlauflieger

- Continental EcoPlusHT3 385/55 R22.5 (Trailerachsreifen)

Spedition 2:

- Standort im Norden von Rheinland-Pfalz

- Zugfahrzeug : Neuer Actros 4x2

- Lenkachse: Michelin X-Line EnergyZ 315/70 R22.5

- Antriebsachse: Michelin X-Line EnergyD 315/70 R22.5

- Auflieger: Krone Curtainsider

- Continental EcoPlusHT3 385/65 R22.5 (Trailerachsreifen)

© Springer Fachmedien Wiesbaden GmbH, ein Teil von Springer Nature 2018
J. Neubeck, *Thermisches Nutzfahrzeugreifenmodell zur Prädiktion realer Rollwiderstände*, Wissenschaftliche Reihe Fahrzeugtechnik Universität Stuttgart, https://doi.org/10.1007/978-3-658-21541-5

Spedition 3:

- Standort im Nordosten von Niedersachsen
- Zugfahrzeug : Neuer Actros 4x2
- Lenkachse: Michelin X-Line EnergyZ 315/70 R22.5
- Antriebsachse: Michelin X-Line EnergyD 315/70 R22.5
- Auflieger: Feldbinder Kippsilosattelauflieger
- Continental EcoPlusHT3 385/65 R22.5 (Trailerachsreifen)

Spedition 4:

- Standort im Nordosten von Nordrhein-Westfalen
- Zugfahrzeug : MAN TGX 4x2
- Lenkachse: Michelin X-Line EnergyZ 315/70 R22.5
- Antriebsachse: Michelin X-Line EnergyD 315/70 R22.5
- Auflieger: Schmitz-Cargobull Curtainsider
- Continental EcoPlusHT3 385/65 R22.5 (Trailerachsreifen)

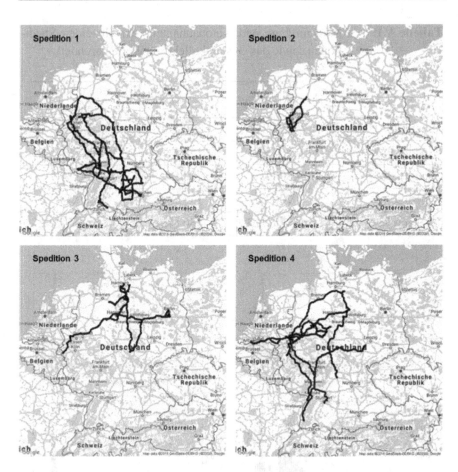

Abbildung A.1: Deutschlandkarten mit Visualisierung der Messfahrten der einzelnen Speditionen im Rahmen der Feldversuche im Güterfernverkehr

Tabelle A.1: Messumfänge und Autobahnanteile der einzelnen Speditionen sowie des Gesamtkollektivs (Werte gerundet).

	Messkilometer	Messdauer	Autobahnanteil (streckenbezogen)
Spedition 1	19.200 km	300 Std.	~ 90 %
Spedition 2	9.500 km	150 Std.	~ 95 %
Spedition 3	9.800 km	280 Std.	~ 45 %
Spedition 4	7.700 km	135 Std.	~ 80 %
Gesamt	46.200 km	860 Std.	~ 80 %

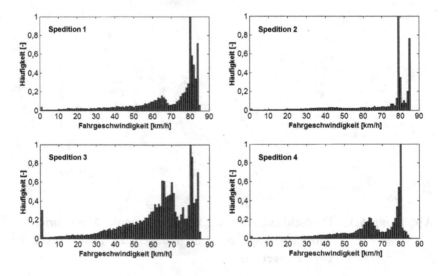

Abbildung A.2: Speditionsspezifische Fahrprofile (streckenbezogene Häufigkeitsverteilungen der Fahrgeschwindigkeiten)

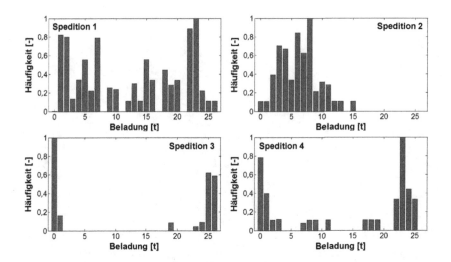

Abbildung A.3: Speditionsspezifische Häufigkeitsverteilung der Beladung

Tabelle A.2: Mittelwerte der durchschnittlichen Fahrgeschwindigkeiten und durchschnittliche Beladung aller Speditionsfahrten sowie des Gesamtkollektivs

	Mittlere streckenbezogene Durchschnittsgeschwindigkeit	Durchschnittliche Beladung
Spedition 1	68,5 km/h	12,5 t
Spedition 2	69,2 km/h	6,3 t
Spedition 3	62,3 km/h	13,8 t
Spedition 4	64,6 km/h	14,1 t
Gesamt	66,6 km/h	12,6 t

Printed in the United States
By Bookmasters